环境污染评价与治理政策研究

郭四代　张　华　仝　梦　聂芮娟　著

科学出版社

北　京

内 容 简 介

本书遵循"文献梳理—理论建模—实证讨论—结果分析—国外经验—政策设计"这一分析脉络,根据国内外已有的研究成果,以全国及区域的统计数据作为评价样本,按照下述步骤进行研究。首先,测算全国和区域的环境污染综合指数,分析了环境污染的空间集群、集聚状况及影响因素。其次,采用三阶段 DEA 模型评价相同环境下全国和区域的环境效率水平、变化趋势及其差异性,探讨环境效率的影响因素。然后,评价全国和区域环境治理投资效率、关键影响因素。最后,基于模型实证分析的结果,借鉴美国、英国、日本等发达国家环境治理的经验和启示,提出诸多环境治理的政策措施与建议。

本书适合于环境科学、资源、生态、管理学专业的高等院校教师和研究生阅读,也可供政府相关部门、企业的管理者和决策者参考。

图书在版编目(CIP)数据

环境污染评价与治理政策研究 / 郭四代等著. — 北京:科学出版社,2019.6
ISBN 978-7-03-060131-5

Ⅰ.①环⋯ Ⅱ.①郭⋯ Ⅲ.①环境污染–污染防治–研究–中国
Ⅳ.①X505

中国版本图书馆 CIP 数据核字 (2018) 第 289553 号

责任编辑:孟 锐 / 责任校对:彭 映
责任印制:罗 科 / 封面设计:墨创文化

科学出版社 出版
北京东黄城根北街16号
邮政编码:100717
http://www.sciencep.com

四川煤田地质制图印刷厂印刷
科学出版社发行 各地新华书店经销

*

2019 年 6 月第 一 版 开本:B5 (720×1000)
2019 年 6 月第一次印刷 印张:10.25
字数:220 000
定价:**78.00 元**
(如有印装质量问题,我社负责调换)

序

　　本书作者是我认识多年的一位年轻同行，承蒙邀请，为其团队撰写的新作《环境污染评价与治理政策研究》写序，在通读了这本著作的电子版后，我颇有感触，欣然提笔。据我了解，四川循环经济研究中心是四川省社会科学重点基地之一，依托这个平台，青年学者们致力于循环经济理论与实践、环境污染治理政策、现代生态循环农业、废弃物管理等方面的研究，取得了显著的成效。

　　党的十九大报告提出，加快生态文明体制改革，建设美丽中国。要推进绿色发展，着力解决突出环境问题，加大生态系统保护力度，改革生态环境监管体制。把"坚持人与自然和谐共生"作为构成新时代坚持和发展中国社会主义基本方略的"十四条"之一，将"生态环境根本好转，美丽中国目标基本实现"作为奋斗目标之一。人与自然是生命共同体，人类必须尊重自然、顺应自然、保护自然。

　　中国经济社会四十年的快速发展，不仅得益于改革红利、人口红利，同样也受益于环境红利。但传统的高耗能、高污染、高排放的发展模式并未从根本上得以改变，自然资源遭到不合理的开发和利用，生态环境受到严重污染和破坏，资源环境问题已成为制约我国经济社会可持续协调发展的主要瓶颈，广大群众要求解决环境问题的呼声日益强烈。就环境形势而言，当前我国环境状况总体恶化的趋势尚未得到根本遏制，环境矛盾凸显，环境压力继续加大，环境老问题尚未解决、新问题接踵而至，整体呈现结构型、压缩型、复合型的特点，环境保护总体工作与广大群众的热切期盼还存在较大差距，解决环境污染问题迫在眉睫。要达到"山更青、水更绿、天更蓝"，还需要全社会的共同努力，尤其是理论与实践的研究与创新。

　　该著作在充分汲取国内外现有研究成果的基础上，采用多种定量分析方法，全面、准确地测度全国及区域的环境效率、环境质量、环境治理投资效率状况、变化趋势、区域差异性及内在变化规律，找出了造成我国资源浪费和环境污染的根源，并借鉴发达国家在生态环境治理方面的先进经验与做法，为我国环境政策的改进和制定提供了科学的理论依据。

　　多年来，无论国内还是国外，实际工作者与理论学术研究者之间总是有一个不完全隔绝但是却坚韧的"玻璃墙"。因为要圆满完成每一项研究任务要耗费大量时间和精力，甚至常常要占用上班以外的时间，特别是环境污染治理课题的研究，在我国还处于起步不久、有待深入研究的阶段，虽然大家也认识到了环境问题的重要性，但理论和实践的鸿沟还没有完全逾越。

诚如很多专家讲到的，环境问题的形成并非一朝一夕的事，而是经济-社会-环境系统长期不协调发展所累积而成，问题的复杂性、长期性、系统性决定了污染防治这场战役场场都是硬仗、场场都是大仗，可以说没有哪一个环境问题是好解决的，需要政府各级部门、社会各方面力量统筹加以解决，某一方面出现偏差或环境红线执行不到位，都会延迟污染控制工作的进程，甚至前功尽弃。同时，从国外已有治污经验来看，污染控制的进程主要取决于工业化、城镇化进程，环境保护工作的力度，居民的环境意识和行为等诸多方面的因素，难以有明确的时间界限。

作为有志于关心、参与国家生态环境建设的追求者，将自己潜心研究的成果公开展示出来，让决策者和企业经营者掌握这些信息，而这些信息将是决定未来经济增长、环境好转的关键因素，这就是中国当今学者的社会责任和使命担当。

总之，中国经济的发展急需摆脱依赖资源和牺牲环境为代价的模式，进入更加绿色、更加智慧的路径，治理环境污染同样不仅需要制度创新，需要强化法治、形成制度威慑力，还需要凸显市场作用、彰显效率价值。只要社会各界真正将环境破坏作为一条不敢触碰的"高压线"，不断改革环境管理体制、持续完善环境法规体系、切实强化环境监管力度、积极落实环保公众参与，发挥铁杵磨针、锲而不舍的精神，我相信我们能够取得这场战役的胜利。

同护青山绿水，共建美丽家园！

以上数言，权且为序，以此与同行共勉。

杜受祜

2018 年 3 月 5 日

前　言

改革开放以来，我国经济发展取得了巨大的成就，总体呈现出"当前有实力，今后有后劲"的态势。然而，过去过度偏重于经济增长的发展路线，不可避免地导致我国对环境污染问题的忽略，加上资源的粗放式消耗、不合理的产业结构、各城市规模的不断扩张，生态环境不断恶化的趋势越来越严重。目前，我国的环境污染呈现出"污染范围广""污染程度高"等特点，污染的范围也从经济发达的东部和南部地区向中西部内陆地区延伸。近些年来发生的多起触目惊心的污染事件，无不给每一个中国人敲响了环境保护的警钟，如松花江水污染、太湖蓝藻污染、广西镉污染、云南阳宗湖砷污染、儿童血铅超标等严重事件。特别是两会期间的最热关注词排名中，"环境治理"都位于前列。每一个事件、每一次关注背后都有深层次的原因，这也引起了党和政府的高度重视，从中央到地方都高度重视生态环境质量的改善与环境污染的治理，地区的生态环境建设虽然取得了巨大的成就，生态环境总体也有所改善，但生态环境不断恶化的趋势依然没有发生根本性的改观，环境质量依然不能令人满意。因此，本书运用多学科的理论和方法，对中国环境污染治理的问题和对策进行系统深入的开创性研究，具有重要理论创新意义和实践指导价值。

借鉴国内最新研究成果，根据前期所取得的大量阶段性成果，经过课题组的不懈努力，最终形成了本书的内容。本书共分 10 章，各章的主要研究内容如下：

第 1 章：引言。从选题背景和国内外文献梳理出发，主要讨论本书的研究意义、研究目的、研究内容、研究思路和技术路线等，回答"环境污染评价与治理政策研究"为什么会成为本书的研究内容，为什么要研究这个问题和如何研究这个问题。

第 2 章：我国环境污染与治理现状考察。本章首先根据 2005～2015 年的省级面板数据，采用非参数回归分析方法检验工业废水、工业废气、工业固体废弃物与人均地区生产总值之间的关系。其次，运用核密度估计函数分析工业废水、工业废气、工业固体废弃物的排放现状及其演进趋势。最后，主要分析我国环境污染治理方式的发展演变过程，环境污染治理的政策和环境污染治理投资情况，从而可从整体上了解我国当前的环境污染及治理形势。

第 3 章：我国生态环境质量评价及影响因素分析。本章选取废水排放总量、废气排放总量、二氧化硫排放总量、烟(粉)尘排放总量、固体废弃物产生量等五类指标作为环境污染评价指标，选取产出水平、产业结构、科技水平、制度结构、人口压力、对外开放程度、环保意识作为环境污染的主要影响因素，并采用熵权法测算环境污染综合指数；依据 Moran 指数与散点图、LISA 集聚图分别分析我国环境污染的空间集群和集聚状况；运用空间面板数据模型实证分析环境污染的影响因素。

第4章：区域生态环境质量评价及影响因素分析。本章从环境污染和环境自净两个维度构建区域环境质量评价指标体系，评价区域生态环境质量状况，并借助熵权法测算区域环境自净综合指数值、区域环境污染综合指数值，依据 Moran 指数与散点图分析区域环境污染的空间分布格局和动态跃迁情况，最后运用空间面板模型实证分析区域环境污染的影响因素。

第5章：我国省级真实环境效率测度与影响因素分析。本章试图弥补以往研究的不足，基于2006~2015年省级区域的面板数据，运用三阶段 DEA 模型和线性数据转换函数法测算全国、各省市、东部、中部、西部等在相同环境下更为客观真实的环境效率水平及其变化趋势，探讨我国环境效率的影响因素，并提出提高我国环境效率的政策建议，这对促进我国经济社会的可持续发展具有重要的理论和现实指导意义。

第6章：区域环境效率测度与影响因素分析。本章采用三阶段 DEA 模型评价相同环境下区域的环境效率水平、变化趋势及其差异性，探讨区域环境效率的影响因素，剥离外部环境因素和随机误差因素的影响，为真实测度环境效率提供可行的方法，以此找出相应的区域环境治理路径，促进区域经济社会的健康发展。

第7章：我国环境治理投资效率及其影响因素分析。本章运用 Super-SBM 模型测算我国各省域2011~2014年的环境治理投资效率、水污染治理投资效率和大气污染治理投资效率，并采用门槛面板模型实证分析我国环境治理投资效率的关键影响因素。

第8章：区域环境治理投资效率及其影响因素分析。为了实现有限治理投入下的最优治理效果，本章基于2004~2015年区域年度样本数据，采用 DEA-BCC 模型和 Tobit 模型测度分析区域环境治理投资效率及其主要影响因素，这不仅符合区域绿色经济发展的实际需要，还可为区域环境治理投资政策的改进提供科学依据。

第9章：国外环境治理经验及启示。本章着重分析美国、英国和日本等发达国家在大气污染治理、水污染防治、工业固体废弃物污染防治等方面的经验，并从中总结出健全法律法规，加大执法力度；完善排污管理许可证体系；大力发展循环经济；开展环保教育工作，加强公民环保意识等启示。

第10章：我国环境污染治理的政策选择分析。本章结合前面环境污染评价的实证分析、国内外环境污染治理经验与启示，为探究出一条适合我国国情，既不影响经济社会可持续发展，同时又兼顾环境保护的现实路径。例如，多元共治的生态环境网络化治理政策体系构建；提升科技创新能力，促进产业集聚，发展清洁生产；加大环境治理资金投入，优化环境治理投资结构；推进产业结构优化调整，转变经济增长方式；深化对外开放程度等。

本书是在团队集体智慧和精诚合作的基础上完成的。各位学者各尽所长，在充分讨论的基础上，由郭四代负责撰写提纲和修改定稿，尽力将这本著作完善，希望能为中国的环境事业尽一份绵薄之力。具体编写工作如下：郭四代撰写了第1章、第3章、第5章、第6章、第7章，仝梦撰写了第2章和第8章，聂芮娟撰写了第10章，张华撰写了第4章和第9章。本书成书过程中，不仅获得了国家自然科学基金项目"基于区域重点建设项目环境影响的社会风险演化机制与评估体系研究"（41571520）、四川省科技厅软科学研究计划项目"四川省环境污染治理及政策选取研究"（2015ZR0114）、四川省科技厅软科学研究计划项目"基于碳减排标签的绿色供应链利益主体行为与策略研究"（18RX0986）等课题的资助，还得到了四川省哲学社会科学规划办公室、四川省环保厅、固体废物处理与资源化教育部重点实验室、四川循环经济研究中心等众多单位领导和专家的关心、支持和指导，在此一并表示感谢。

由于作者的经验、学识和创新能力有限，书中疏漏之处在所难免，敬请同行专家和学者批评指正。

郭四代

2017 年 11 月于四川绵阳

目　　录

第1章 绪 论

1.1 问题的提出

改革开放以来，中国经济步入了高速发展期，一直保持着较高的经济增长速度，经济总量持续增长，经济建设取得了举世瞩目的成就，成了世界经济增长的第一引擎。2010 年，中国的名义 GDP 一举超过日本成了世界第二大经济体。2016 年，中国经济增长速度重回世界首位，达到 6.7%，且对世界经济增长的贡献率仍然达到 33.2%，稳居世界第一。扣除价格因素，居民人均可支配收入也达到 23 821 元，比 2015 年增长了 33.3%，年均实际增长为 7.4%，高于同期的 GDP 增速，居民收入实现了持续较快增长，人民生活质量显著提高。但伴随着经济的高速增长、城市化进程的加快，工业规模的不断扩大，大量不可再生资源被过度开发和过度消耗，废弃物排放持续增长，经济社会发展与生态环境之间的矛盾也越来越突出，如严重的大气污染、土地荒漠化、水体污染、固体废弃物污染、生物多样性减少等一系列生态环境问题，这已成了影响中国经济社会可持续发展的重大挑战。

(1)大气污染形势依然严峻。首先，从全国范围来看，根据环境保护部发布的 2017 年上半年空气质量状况信息显示，全国 366 个城市的平均优良天数比例达到 74.1%，同比下降了 2.6 个百分点；空气质量不达标城市占全国城市的 77.9%，同比增加了 3.9%，其中，PM2.5 平均浓度超过国家规定标准两倍以上的城市有 49 个，占 13.4%，同比上升了 1.1 个百分点。综合 6 种主要空气污染物来看，我国 366 座城市的 PM2.5 平均浓度在 2017 年上半年呈同比轻微下降趋势，约为 48.7 微克/米^3；PM10 平均浓度同比下降了 2.2%，约为 88 微克/米^3；二氧化硫同比下降了 13.5%；一氧化碳同比下降 5.0%；二氧化氮同比上升了 4.5%；臭氧则同比上升了 12.2%。因此，可以看出，我国主要城市 2017 年上半年的 PM10、二氧化硫、一氧化碳三项污染物平均浓度同比均呈现不同幅度的降低；而二氧化氮平均浓度达到 30 微克/米^3，臭氧平均浓度上涨幅度超过了 10%，两项污染物均大幅度上升。这意味着中国空气污染治理不仅要强化 PM2.5 污染的治理力度，同时，二氧化氮、臭氧等污染的治理也已经变得刻不容缓了。其次，从区域角度来看，相比 2016 年上半年，京津冀区域 13 个城市的平均优良天数同比下降 7.1 个百分点，仅为 50.7%。其中，PM2.5 平均浓度同比上涨了 14.3%，达到 72 微克/米^3；PM10 浓度同比上升了 13.2%，达到 129 微克/米^3。长三角区域

25 个城市的平均优良天数同比下降了 2.8%，比例达到 70.5%，其 PM2.5 和 PM10 的平均浓度均呈现同比下降趋势。珠三角区域 9 个城市的平均优良天数同比下降 6.3 个百分点，比例达到 88.4%，其中，PM2.5 和 PM10 平均浓度均达到国家二级标准。特别是，2017 年年初，28 个环保督查组驻扎京津冀地区奋战三个月之久，虽在环保部治污的高压形势下，但京津冀区域 "2+26" 城 6 月下旬后期到 7 月初的 PM2.5 浓度竟然呈现了明显的反弹现象，环境治理效果并不理想。这也进一步说明了我国大气污染治理形势的严峻性。

(2) 水污染形势不容乐观。从国内检测采点来看，地表水、地下水、近岸海域等水污染状况依旧严峻，这是由我国部分工业废水及居民生活污水未经处理就直接排放引起的。据 2016 年的检测统计数据来看，达不到饮用标准的Ⅳ类、Ⅴ类和劣Ⅴ类水体在河流、湖泊(水库)、省界水体和地表水中的比例分别高达 28.8%、33.9%、32.9% 和 32.3%，且水体污染主要以重金属、有机物等污染源为主。在全国地表水 2016 年的 1940 个评价、考核、排名断面中，Ⅰ类、Ⅱ类、Ⅲ类、Ⅳ类、Ⅴ类以及劣Ⅴ类水质断面分别占 2.4%、37.5%、27.9%、16.8%、6.9% 及 8.6%。在 6124 个地下水水质监测点中，水质为优良级、良好级、较好级、较差级和极差级的监测点占比分别为 10.1%、25.4%、4.4%、45.4% 和 14.7%。海河、辽河、黄河、淮河、松花江五大水系均处于污染超标状态，长江和珠江水系也均受到不同程度的污染。在近岸海域 417 个点位中，Ⅰ类、Ⅱ类、Ⅲ类、Ⅳ类和劣Ⅳ类分别占 32.4%、41.0%、10.3%、3.1% 和 13.2%。2016 年，我国国土面积的 7.2% 受到酸雨的影响，酸雨污染主要分布在浙江、上海、江西、福建等地区。

(3) 土壤污染治理压力加大。全国土壤总超标率达到 16.1%，我国土壤环境状况依然不容乐观，其中，重度污染、中度污染、轻度污染和轻微污染点位分别占比 1.1%、1.5%、2.3%、11.2%，主要以无机型和有机型为主，东北老工业基地、长江和珠江三角洲等部分地区土壤污染问题较为严重，西南和中南地区重金属污染范围较大。这主要是由工业、矿业等生产活动、高土壤环境背景值等原因引起的。当然还存在生物多样性减少、气候变化等方面的环境威胁，这些环境问题都成了人们日益关注的焦点。

一直以来，国家政府都十分重视生态环境质量的改善与环境污染的治理，制定了《大气污染防治法》、《水污染防治法》、《土壤污染防治法》和《固体废物污染环境防治法》等相关法律法规，发布了《土壤污染防治行动计划》、《大气污染防治行动计划》和《水污染防治行动计划》等诸多政策措施，环境治理的核心也从传统末端治理向 "防重于治" 方向转变，生态环境建设取得了巨大成绩，生态环境总体恶化趋势也有所遏制，但由于资源的粗放式消耗、不合理的产业结构、城市规模的不断扩张，以 GDP 为导向的高能耗、高排放、高增长方式依然是主要的经济发展模式，生态环境不断恶化的趋势仍然没有得到根本性的改观，环境质量依然不能令人满意。

日益严峻的环境问题已成为我国全面建成小康社会，走经济、社会与环境可持续发展道路的主要制约因素，有必要采取有效措施扭转目前的环境恶化局势。因此，在充分汲取国内外现有研究成果的基础上，借鉴发达国家和一些发展中国家在生态环境治理方面的先进经验，需要准确测度全国及区域的环境效率、环境质量、环境治理投资效率状况、变化趋势、区域差异性及内在变化规律，找寻出我国资源浪费和环境污染的主要根源，为我国环境政策法规的改进和制定提供科学的理论依据，促进经济、社会和环境的可持续发展。

1.2　研究意义和研究目的

1.2.1　研究意义

1. 理论意义

(1) 为准确评价我国环境污染现状提供科学的方法基础和理论依据。环境治理政策的改进与制定需要以准确的环境污染评价结果为基础。而基于不同的研究模型，环境污染评价结果却大相径庭，因此，需为测度环境污染的真实水平提供可行的方法。本书首先基于 2006～2015 年省级区域的面板数据，采用三阶段DEA (date envelopment analysis，数据包络分析) 模型评价相同环境下全国、区域的环境效率水平、变化趋势及其差异性，探讨我国环境效率的影响因素，这有效剥离了外部环境因素与随机误差因素的影响。其次，基于熵权法测算全国及区域环境污染综合指数，依据 Moran 指数和散点图、LISA 集聚图分析全国及区域环境污染的空间集群和集聚状况，然后采用空间面板数据模型实证分析环境污染的影响因素。最后，采用 Super-SBM 模型评价全国 2011～2014 年的环境治理投资效率、水污染治理投资效率和大气污染治理投资效率，并通过门槛面板模型实证分析我国环境治理投资效率的关键影响因素；同时，采用 DEA-BCC 模型和Tobit 模型测度分析区域环境治理投资效率及其主要影响因素。众所周知，环境污染治理不仅需要先进的污染治理技术、有效环境治理模式、长效的环境治理投资机制，更需要通过一定的数理方法确定全国及区域的真实环境污染水平。因此，本书的研究不仅丰富了生态环境评价理论，促进了学科前沿的发展，拓宽了环境污染治理的研究领域和视野，还为正确揭示、正确测度全国及区域的环境污染状况及其差异性提供了科学的理论基础。

(2) 为环境治理政策的改进与制定提供可靠的数据支撑。目前，全国及各区域对环境污染现状、环境质量水平、环境效率状况、环境治理投资效率、环境污染的影响因素等还没有一个全面、透彻和准确的了解与把握。基于全国及区域历年的历史数据，实证分析了全国及区域的环境污染效率、环境质量、环境治理投资效率水平及其主要影响因素，并借鉴国外发达国家环境污染治理的先进经验，积极为环境治理政策制定者、相关行业决策者提供可靠的定量化信息和数据支持，同时也为我国环境状况的改善提供一个客观真实的参考标准。

2. 现实意义

(1) 有利于为各级政府确立环境治理机制、体制提供政策借鉴。由于资源禀赋、对外开放程度、经济发展水平、产业结构、科技创新能力、环境治理投资等方面存在较大的区域差异性，全国及各区域环境污染的发展趋势也不尽相同。本书从环境质量、环境效率、环境治理投资效率等角度实证分析全国和区域两个层面的环境状况及其环境污染空间的区域差异性，充分考虑全国及区域环境治理过程中面临的现实困境，探讨环境治理的优化路径与对策，但环境污染治理问题在不同层级的政府和城市都是值得研究的问题，具有较强的普遍性。因此，这种研究范式对于其他各级政府机构、各级环保部门构建合理的区域环境治理机制体制同样具有较强的适用性。

(2) 有助于提高政府、企业及公众的环境保护意识。经过四十年的快速发展，我国现阶段集中出现了一些发达国家在工业化过程中所经历的环境问题，环境污染呈现出明显的复合性、差异化等特点。而在环境污染治理过程中，政府、企业和公众等主体的参与目的、意愿与动力都不具有一致性，往往只顾短期的局部利益，忽略长远的总体利益，从而导致资源枯竭、生态环境恶化等问题，同时进一步制约了经济社会的可持续发展，这主要还是由于人类还未真正意识到环境保护与自身利益是息息相关的。因此，依据各个相关主体环保意识不足的问题，本书提出多元共治的生态环境网络化治理政策体系等措施，有助于政府、企业与公众提高环境保护意识、生态环境危机意识与资源节约意识等，这对促进人类经济社会健康发展具有重要的现实意义。

(3) 有助于改善生态环境，提高生态文明建设水平。由于我国正处于经济转型升级的关键时期，面临着巨大的资源环境压力。本书旨在为加大环境保护力度，改善生态环境治理能力，提升生态文明建设水平，实现经济社会的可持续发展，实现我国既定的减排目标起到积极作用。且通过环境污染治理政策的研究，可为各级政府的生态环境治理措施、健全生态文明制度体系的研究提供有益借鉴。

1.2.2　研究目的

本书的研究目的为通过诸多定量方法分析全国及区域环境污染的内在数理关系，并针对环境污染过程中存在的问题，提出科学且合理的环境污染治理政策，以求能改善我国环境污染状况，为促进经济社会可持续发展、生态环境治理提供有益的基本思路和借鉴意义。

第一，在国内外现有研究成果的基础上，准确评价全国和区域环境污染现状、演变规律及变化趋势，掌握各省市的环境污染水平、环境质量、环境效率、环境治理投资效率等指标的内在变化情况。旨在对全国和区域环境污染治理机制的内在机理进行深度的描述和诠释，探索其主要影响因素，不仅侧重于考察现已清晰的特定影响因素，而且还要探索更深层次的影响因素。

第二，通过对国内外生态环境治理实践的分析，结合自身在环境治理方面存在的主要问题，提出有利于环境污染形势改善的治理措施和建议。我国各地区脆弱的生态环境不仅仅是历史的原因，也与不健全的环境治理政策有着直接的关系。虽然各地区在环境治理方面积累了丰富的经验，各级政府也出台了一些环境政策，环境保护取得了巨大的成绩，但从这些政策的调整范围、手段、内容和实际取得的成效来看，还不能完全抑制生态环境不断恶化的趋势，与我国生态文明建设的要求还存在着一定的差距。因此，必须采用科学规范的环境治理政策来保障生态环境建设。

1.3 国内外研究现状

1.3.1 国内外环境质量评价研究现状

1. 国外环境质量评价研究现状

环境质量评价一般是指依据一定目的、方法和标准，对某一区域的环境总体质量进行定性和定量的评判。它涉及管理、经济、环境等多学科领域，是一项复杂的系统工作。在环境质量评价研究方面，国外的研究工作始于 20 世纪 60 年代，80 年代初期正式开创了生态环境质量的评价，美国国家环保局在 90 年代初提出了对生态环境进行长期监测与评价项目后，已有大量学者通过不同的角度进行了环境污染评价及影响因素的研究。

部分学者从水污染 (Liu et al.,2015)、空气污染 (Kumar et al.,2016；Friberg et al.,2017)、噪声污染 (Popa et al.,2015；Garg et al.,2017)、土壤污染 (Wierzbicka et al.,2015) 等方面进行了大量的评价研究工作。此外，有些学者从其他角度进行了有益的探索，如 Maddison (2006) 以 SO_2、NO_2 等为主要污染物构建了生态环境质量指标体系，发现环境污染和环境治理具有显著的空间效应。Mörtberg 等 (2007) 根据 GIS 和决策支持系统法构建了评价指标体系和评价模型，分析了城市化进程中生物多样性的影响因素，并提出了相应对策。Hosseini 等 (2011) 以 CO_2 和 MP_{10} 为空气污染指标构建了评级指标体系，分析了亚洲相关国家的空气污染分布状况，两类污染的空间效应在相关国家的确存在。

2. 国内环境质量评价研究现状

我国生态环境质量评价研究从 20 世纪 80 年代开始受到极大的关注，被重点应用于农业和城市生态系统的环境质量评价，自此以后，该领域逐渐得到蓬勃发展。

一是基于不同的研究视角分析我国环境质量情况。李国璋等(2009)通过逐步回归等方法构建了计量模型，发现我国环境污染的主要影响因素有全要素能源效率、产业结构和能源结构等。许和连和邓玉萍(2012)指出 FDI(foreign direct investment，外商直接投资)在地理上的集群有利于改善我国的环境污染。陈祖海和雷朱家华(2015)基于 2003~2013 年经济与环境污染数据，运用 EKC(environment Kuznets curve，环境库兹涅茨曲线)模型、Moran 指数、LMDI(logarithmic mean Divisia index，对数平均迪氏指数)，找出了污染排放的经济因素。王飞成和郭其友(2014)基于 1992~2011 年的省级区域面板数据分析了我国环境污染受经济增长的影响因素及区域差异性，结果表明该影响符合环境库兹涅茨曲线假说，环境污染治理投资、人口、产业结构等诸多因素对环境的影响呈现出不同的特点。丁焕峰和李佩仪(2010)利用我国 30 个省、区、市(除西藏地区外)的面板数据，实证检验了环境库兹涅茨曲线假设，探讨了导致区域污染恶化的主要影响因素，如经济增长、不协调的产业结构和低能源利用率都会加剧区域污染排放。涂正革(2008)基于我国 30 个省、区、市(除西藏地区外)的资源投入、工业产出和污染排放数据探讨了地区环境技术效率及其差异性，研究发现：我国区域环境工业的协调性极其不平衡，环境问题的真正解决需要工业的全面协调和均衡发展，综合考虑工业经济增长、资源利用与生态环境，必须加快调整工业经济结构，加大技术引进和自主研发力度，鼓励外商直接投资等。刘燕等(2006)认为我国经济增长和体现环境污染的不同指标之间存在着不尽相同的关系，如经济增长与工业废水排放之间存在着一种倒"N"型曲线关系，与工业固体废弃物间则是一种倒"U"型曲线关系，同时，出口与环境污染之间存在显著正相关关系，而 FDI 与环境污染之间则存在着显著负相关关系。杨万平(2010)利用动态客观综合评价方法对我国及区域污染排放指数的影响因素进行了分析，结果显示产权结构、能源效率、能源价格以及对外开放程度与污染排放指数显著相关。王永瑜和王丽君(2011)构建了甘肃省环境质量综合评价体系，测算出了 1980~2008 年的生态环境质量指数，分析了甘肃省各环境要素的动态演进路径和变化趋势。王芳和周兴(2013)分析了人口规模、人口老龄化等人口结构性因素与包含二氧化硫、工业固体废弃物、工业废水、生活废水等环境污染综合指标之间的数量关系，指出人口规模的增加并不是导致环境污染恶化的因素，但人口老龄化与环境污染呈现倒"U"型曲线关系，且城镇化对环境污染的影响具有一定的滞后性。

二是基于不同的定量方法研究我国的环境质量。袁晓玲等(2013)基于空气、水、废弃物、垃圾、噪声、土壤等角度构建了环境质量评价指标体系，利用"纵横向拉开档次"评价法对我国环境质量进行了综合评价。张彬等(2016)应用主成分分析法构建了包含生物丰度等五类指数的生态环境质量综合评价模型，绘制了等级分布图，揭示了湖北省秭归县生态环境质量的时空变化特征。李晓龙和徐鲲(2016)借助 Moran 指数空间工具研究了环境质量与地方政府竞争之间的空间相关性问题，运用空间计量法实证分析了地方政府竞争对区域生态环境质量的影响。魏伟等(2015)以石羊河流域 2000~2012 年的数据构建了生态环境综合评价指标体系，应用综合层次分析法和熵权法研究了该地区的生态环境质量。向用彬等(2014)应用常规和改进的灰色聚类方法对水环境质量进行了评价和对比分析，认为借助改进的灰色聚类方法求得的水环境质量评价结果更为客观、科学。李丽和张海涛(2008)基于 BP(back propagation，逆向传播)人工神经网络法对鄂州市杜山镇的生态环境质量进行了预测与评价。杨吉和苏维词(2016)基于系统聚类分析法评价了天河潭地区的环境污染情况与影响因素。

3. 研究述评

通过对国内外已有相关文献的梳理分析发现：首先，在现有的研究中，对环境污染的衡量往往没有较为科学合理的评价指标体系，部分学者在污染指标的选择中只选取工业污染指标，而忽视了居民生活所带来的环境污染。但已有数据表明：工业污染排放是趋于相对稳定的趋势，而居民生活污染形势却愈发严峻。因此，这种忽视生活污染指标的做法是不全面、不合理的，必然会导致错误的环境污染评价结果。其次，现有相关文献在评价环境质量时往往依据传统的面板数据，但从实际情况来看，各区域的环境污染排放并非完全独立存在，即区域环境污染存在着显著的空间相关性，特别是各类影响因素相互影响、相互作用时会进一步加剧环境污染的空间相关性，如一地区的风向、水流等客观因素都会对临近地区污染物的排放产生影响。因此，为了避免产生有偏或错误的参数估计，应充分考虑这种空间相关性的影响。

1.3.2 国内外环境效率评价研究现状

1. 国外环境效率评价研究现状

随着人们对资源环境问题的日益重视，Fare 等(1989)最早提出环境效率概念，用它来测算考虑环境效率情形下的生产效率情况，该概念在 1992 年的里约地球峰会上被提及，自此以后，被国际学术广泛认可并得到了深入的讨论。在环境效率测度中，DEA 作为一种非参数方法，应用相当广泛。Zaim 和 Taskin(2000)较早运用 DEA 方法对 OECD 国家的环境效率进行了测度，并分析了环境效率的影响因素。之后，随着处理非期望产出新方法的出现，越来越多的学者基于 DEA

方法测算环境效率，已催生了许多成果，最常见的方法有非径向的 SBM(slack based model) 和有径向的方向性距离函数(directional distance function，DDF)方法。方向距离函数法是基于一种弱可处置性假设的模型，是在距离函数的基础上增加投入和产出的不同改进方向衍生出来的，可增加期望产出，减少非期望产出，并且近年来取得了广泛的运用。Lozano 和 Gutiérrez(2008)将美国主要能耗和二氧化碳等温室气体排放作为非期望产出，而将 GDP 和人口作为期望产出和投入，依据线性数据转换法提出了非参数 DEA 模型，并对美国的环境效率进行了评价。Khanna 和 Kumar(2011)采用方向距离函数法测算标准普尔 500 家公司的环境效率，并采用截断回归模型讨论了影响企业环境效率的因素。Tao 等(2012)在考虑能源消耗和污染物排放情形下，基于方向性距离函数和卢恩伯格生产力指数测算了我国 1999~2009 年的环境效率、环境全要素生产率，并考察了环境效率和生产率变化的决定因素。Lin 等(2013)采用方向距离函数测算了 63 个国家在 1981~2005 年的环境效率，并讨论了随着环境效率的增加是否采用《京都议定书》。Zhang 和 Choi(2013)基于 SBM-DEA 模型提出了纯能源效率和规模效率指标，在考虑二氧化碳、二氧化硫和化学需氧量等非期望产出的情形下，测算了中国在 2001~2010 年的能源效率。Chang(2013)基于 SBM 模型评价了韩国港口的环境效率和二氧化碳排放减少量。

2. 国内环境效率研究现状

由于研究起步较晚，国内对环境效率的研究还相当薄弱，直到 20 世纪 90 年代后期才引起较多的关注。杨俊等(2010)根据包含污染排放的 DEA 模型测算了我国 1998~2007 年的省级环境效率，结论表明我国省级环境效率差异较大，全国总体环境效率水平较低，认为省级区域之间的减排与合作具有现实必要性，并提出了提高我国环境效率的政策建议。李胜文等(2010)采用随机前沿生产函数测算了中国 1986~2007 年的省级环境效率状况，分析结果认为我国环境效率水平呈现缓慢增长趋势，西部地区的环境效率水平最高，而中部地区的环境效率水平则较低。王俊能和许振成(2010)根据 DEA 模型评价了我国 31 个省、区、市的环境效率，并分析了影响环境效率的主要因素，结果表明我国区域环境效率总体水平偏低，但呈增长趋势，影响环境效率的重要因素包括人均 GDP、城市化率、产业结构、生产技术水平等。曾贤刚(2011)基于我国 2000~2008 年省级面板数据，采用 DEA 模型测算了各省市的环境效率，并分析了影响环境效率的因素。刘睿劼和张智慧(2012)对我国 39 个工业行业的环境效率进行了测算，认为各工业行业在经济与环境问题上具有各自不同的特点，但多数工业行业的环境问题依然严重。沈能和王群伟(2015)基于 Meta-frontier 效率函数分析了环境效率空间溢出的渠道和效应问题。刘殿国和郭静如(2016)基于多层统计模型和超效 DEA 模型分析了中国省级环境效率影响因素及其作用路径问题。

王连芬和戴裕杰(2017)基于各省域污染物的影子价格，利用 WBCSD(World Business Council for Sustainable Development，世界可持续发展工商理事会)的测度方法提出了环境效率幻觉概念。

SBM 模型是由 Tone 于 2001 年提出来的，它考虑了由于径向和角度选择的差异而造成的投入和产出的松弛性问题，更受研究者的青睐。如王兵等(2010)考虑资源环境因素，采用 SBM 方向性距离函数对我国 30 个省、区、市(除西藏地区外)1998～2007 年的环境效率、环境全要素生产率进行了测算，并对比分析了两者的影响因素。宋马林等(2010)为了解决非期望产出的效率评价问题，提出了一种改进的环境效率评价 ISBM-DEA(improved slacks-based measured DEA，改进的 SBM-DEA)模型，与 SBM 模型的评价结果相比后发现，该模型更具有广泛的应用价值。胡达沙和李杨(2012)基于 2000～2009 年省级面板数据，运用 SBM 模型测算了各省区的环境效率、影响因素及其区域差异。宋马林等(2014)构建了考虑整数约束和非期望产出指标的超效 SBM 率模型，并对我国各省区 2012 年第二产业的环境效率进行了测算，以期验证该模型的有效性和稳健性。黄永春和石秋平(2015)基于研发驱动理论构建了 SBM 模型，实证分析了我国东、中、西部的环境效率、环境全要素生产率及其影响因素。尹传斌等(2017)基于超效率 SBM 模型实证分析了 2000～2014 年西部大开发地区的环境效率趋势及影响因素。方向距离函数法由于方向向量不同的确定方法会导致不同的测评结果，而且没有考虑投入产出的松弛改进问题，可能会高估决策单元的效率。SBM 模型有效解决了径向测度带来的问题，较其他模型更能体现效率评价的本质。

3. 研究述评

随着各种环境效率测度方法的不断涌现，国内外相关学者基于不同角度对环境效率问题进行了有益的探索，这对环境效率的研究奠定了一定的基础。目前，有较多的学术文献基于传统的 DEA 方法评价环境效率，但是这些方法不能剔除随机误差和外部环境因素对环境效率的影响，无法真实反映我国环境效率实际状况。Fried 等(2002)基于传统 DEA 模型提出了三阶段 DEA 模型，该方法排除了有效投影点和无效率点混合的情形，且能有效地排除外部环境及随机误差等对生产单元效率的作用，使得效率水平更加真实客观。而应用三阶段 DEA 模型研究我国环境效率问题的学者则相对较少，这或许是由于 DEA 模型的输出一般都选用正向的产出，而环境污染物作为负产出，选择三阶段 DEA 模型则会失灵。但运用线性数据转换方法对环境污染物进行转化后，则可以很好地解决三阶段 DEA 模型评价中的负产出问题，有效地保持了凸性和线性关系，不仅可以获得比传统 DEA 模型精度更高的环境效率结果，还可以进一步丰富环境效率测度理论，促进学科向前发展。

1.3.3　国内外环境治理投资效率研究现状

1. 国外环境治理投资效率研究现状

环境治理投资是为治理环境污染、维持生态平衡所投入的资金，用以转化为实物资产或取得环境效益的行为和过程。国外理论界对环境治理投入研究的文献并不太多，有些文献基于微观角度分析环境治理投入，如 Robert 和 Vachon(2002)研究发现，企业之间、企业顾客之间的初始合作可以提高企业环境治理投入的积极性，当他们之间合作次数越多时，企业环境治理行为会从传统的末端治理转向预防控制。国外更多的文献主要通过投入产出法和均匀污染法对环境治理投资规模及效率进行评价。均匀污染法在实际应用中受到较大的限制，因为若要确定环境治理边际成本与环境损失边际成本的交叉点，难度比较大。投入产出数学规划法则依据环境治理投入与效益的综合平衡，确定出环境治理投资的最优规模，在国外应用较为广泛。Reinhard 等(2000)在运用 SFA(stochastic frontier approach，随机前沿方法)和 DEA 方法比较分析环境治理投资效率时，将环境因素引入模型中，并增加了 3 个额外的行矢量。Scheel(2001)改进了数据转换处理法，运用转换函数将污染物等非期望产出转化为期望产出来评价环境投资效率。Mandal 等(2010)基于 DEA 模型和定向距离函数分析了二氧化碳排放对环境投资效益的影响，并研究了环境效益中有害输出和有益输出之间的关系。

2. 国内环境治理投资效率研究现状

国内学者对环境治理投资效率问题的研究一般集中在环境治理投资的经济计量分析等方面。安树民和张世秋(2004)分析了政府环境投资资金的短缺及低效率情况，探讨了环境治理的市场行为和非市场行为，指出应规范政府、企业的环境投资行为，培育环境投资新主体，理顺环境投资市场内部关系。宋文献和罗剑朝(2004)考虑到环境的公共品及外部性特质，认为环境财政投资资金应是环境治理的重点，分析了我国财政投资在政策、支持体系上的缺陷，剔除了完善生态环境投资的财政建议。董小林等(2008)应用结构分析和比较分析等方法对陕西省环境污染治理投资规模、使用及水平等进行了研究，认为环境质量的改善主要来源于充足的环境污染治理资金和合理的环境治理投资结构。陶敏(2011)以环境治理投资总额为投入指标，以环境治理投资绩效为产出指标，采用 DEA 模型对我国 30 个省、区、市 2008 年的环境治理投资效率进行了综合评价，并提出了对策和建议。王宝顺和刘京焕(2011)评价了我国城市环境治理财政投资效率，并分析了环境治理支出效率的影响因素，针对我国环境治理投资的低效率提出了针对性的政策建议。闫文娟(2012)利用我国废弃物排放的省级面板数据，运用系统 GMM 法实证分析了财政分权、政府竞争对环境治理投的影响，认为环境治理投资偏低的主要原因并不是财政分权引起的。杨俊和陆宇嘉(2012)运用三阶段 DEA 模型分析了我国 2004～2008 年的环境治理投入效率。毛晖等(2013)采用 1998～2010 年五类污染综合指标的省级面板数据分析了经济增长、污染物排放与环境治理投资三者之间的关系，认为经济增长与环境污染之间存在倒"U"型等多种关系，而环境治理投资并不是改变污染与收入间关系的主要原因。郝东恒和高飞(2013)应用单位根检验、协整行检验等计量经济学方法实证分析了河北省 1997～2011 年环境污染治理投资与经济增长之间的关系，结论表明两者之间存在着长期的均衡关系。张亚斌等(2014)运用 SBM 方向性距离函数分析了我国环境治理总体绩效、环境治理投资绩效及其变化因素，结果显示北京、上海等地环境治理投资冗余较少、效率较高，而我国华东地区的冗余上升最快。毛晖等(2014)基于我国 2003～2011 年的省级面板数据，运用实证分析了我国环境治理投资与环境质量之间的关系，结论显示，环境治理投资对中部和西部的生态环境改善具有较重要的作用，并提出了优化环境治理投资结构、提高环境治理投资利用效率等对策。刘丽波(2016)应用 DEA 方法对我国区域环境治理投资效率进行了评价，认为我国环境治理资金投入明显不足，在制定环境保护与环境治理政策时应考虑区域差异及投资规模的分配。张跃胜(2016)实证分析了环境治理投资和投资比例的变化对经济增长的作用和影响，研究结果显示，在短期内，环境治理投资比例对经济增长呈现负向作用，而环境治理投资对经济增长有着显著的促进作用。

3. 研究述评

综上所述，虽然学者们逐渐认识到环境治理投资效率研究的重要性，而且该领域已逐渐成为学者研究的热点，但通过文献梳理发现，环境治理投资效率研究还存在不足之处。①反映环境治理投资效率的评价指标并未形成统一的体系。大多评价指标体系不仅超越了政府提供的环境统计与检测数据，即环境治理投资数据严重缺失，而且有些指标体系本身并不真正表示环境治理投资指标，如环境治理投入产出采用相对量来确定，指标体系中指标之间存在着交叉性等问题，导致在环境治理投资效率实际评价过程中大量采用非实际数据，使得我国实际环境投资效率值产生偏误，其评价结果的可操作性和有效性则相对较低。因此，有待深入分析环境治理投资的投入产出结构，构建科学合理的环境治理投资效率评价指标，以正确评价全国区域环境治理投资实际效率状况。②大多数文献基于传统的 DEA 方法评价环境治理投资效率，但是该方法不能剔除随机误差因素和外部环境因素对区域环境治理投资效率的影响，而且也没有有效解决投入要素"松弛"问题及多个决策单位效率值都为 1 时的排序问题，导致不能客观真实地反映我国各地区的环境治理投资效率水平。因此，可以采用 Super-SBM 模型对有效单元进行有效的评价和排序。③仅有部分学术文献讨论了环境治理投资的影响因素。

但对于环境治理投资效率较低的决策单位而言，虽然给出了环境治理投资效率提升的对策，但许多指标值的调整在实际过程中是非常困难的，研究得不够深入。因此，如何抓住环境治理投资的关键影响因素，有效提高环境治理投资效率，则是环境治理管理中的一个重要议题。

1.4 研 究 内 容

本书通过实证等分析方法，评价中国及区域环境质量、环境效率、环境治理投资效率状况，发现环境治理中存在的问题，并结合国外发达国家环境治理实践经验及启示，提出有利于生态环境改善的政策和措施。

1.4.1 环境质量评价

近年来，各级政府都十分重视生态环境的改善和环境污染的治理，相继出台的诸多环境保护政策虽取得了不错的成绩，但并未从根本上遏制住环境恶化的趋势。本书主要从全国及区域的视角对环境质量进行评价。第一，基于空间计量模型评价全国的环境质量及其影响因素。①依据我国各省、区、市 2005～2014 年的面板数据，选取废水排放总量、废气排放总量、二氧化硫排放总量、烟(粉)尘排放总量、工业固体废弃物产生量等五类具体环境污染度量指标作为环境污染综合评价指标，借助熵权法测算出我国各省(区、市)的环境污染综合指数。②基于邻接关系的空间权重矩阵，采用 Geoda 空间软件，计算出 2005～2014 年我国省域环境污染全局 Moran 指数及其检验值，验证环境污染的空间正相关性和空间稳定性；并利用局域空间关联指标 LISA 集聚图探讨我国环境污染的空间集聚状况。③借助空间滞后模型和空间误差模型等空间面板模型实证分析产出水平、人口压力、环保意识、产业结构、科技水平、开放程度以及制度结构等因素对环境污染的影响，并结合区域差异性提出相应的政策建议，以期为提高我国区域环境效益提供科学参考。第二，基于空间计量模型评价区域环境质量及影响因素。在充分汲取国内外现有研究成果的基础上，以四川省作为区域环境质量的研究对象，遵循科学性、可度量性及可操作性的原则，从环境污染和环境自净两个维度构建区域环境质量指标体系，评价 2005～2013 年的区域生态环境质量状况，并借助熵权法测算区域环境自净综合指数值、区域环境污染综合指数值。然后运用 Moran 指数和散点图分析区域环境污染的空间分布格局和动态跃迁情况。最后运用空间滞后模型和空间误差模型等空间面板模型实证分析区域环境污染的影响因素、影响方向与影响强度，以此提出合理的政策建议。

1.4.2 环境效率评价

随着经济的快速发展，大量不可再生资源不断消耗，生态环境急剧恶化，严峻的资源环境形势已成为阻碍我国经济与社会可持续发展的"硬约束"。切实转变经济发展方式，采取有效的环境治理政策刻不容缓。而有效的环境效率测度可探究出资源过度消费与环境污染的主要原因，从而可推进环境治理政策的改进。本书主要从全国及区域的角度对环境效率进行了评价。第一，利用三阶段 DEA 模型分析省级真实环境效率及其影响因素。基于 2006～2015 年省级区域的面板数据，采用三阶段 DEA 模型对我国的环境效率进行实证研究，测算相同环境下全国、东部、中部、西部地区的环境效率水平，准确把握我国各地区的环境效率水平、变化趋势及其区域差异性，并考察人口密度、实际人均 GDP、城市化水平、外贸依存度、外资开放度、产业结构、政府规划、科技水平等因素对我国环境效率的影响程度，并提出提高环境效率的政策建议。这种方法剥离了外部环境因素与随机误差因素的影响，为测度环境效率的真实水平提供了可行的方法。第二，以四川省作为区域环境效率的主要研究对象，依据四川省 18 个市(州)2005～2014 年的统计数据，运用三阶段 DEA 模型测度区域真实环境效率，并分析人口密度、实际人均 GDP、城市化水平、外贸依存度、第二产业增加值占比、城市规模等环境变量因素对区域环境效率的影响。

1.4.3 环境治理投资效率评价

由于各省市的环境治理投入资金和环境污染状况的差异，环境治理效果也不尽相同。因此，为了实现有限环境治理投入下的最优环境治理效果，深入研究全国及各省(区、市)环境投资效率及其关键影响因素则显得十分必要。首先，基于 Super-SBM 模型与门槛面板模型实证分析我国环境治理投资效率及其影响因素。有针对性地将环境污染治理投资、水污染治理投资、废气污染治理投资作为投入指标，将固体废弃物处理量、工业废水处理能力、工业废水处理量、废气处理能力四个方面作为输出指标，构建环境治理投资效率指标体系；参考 2011～2014 年的《中国统计年鉴》、《中国环境统计年鉴》与《中国城市统计年鉴》，选取北京等 30 个省(区、市)作为评价样本，运用 Super-SBM 模型，计算出我国各省域环境治理投资效率值、水污染和大气污染治理投资效率值；以 Super-SBM 模型计算得出的环境治理投资效率值为基础，构建门槛面板模型，分析我国区域环境治理投资效率的关键影响因素，以期为环境治理投资效率的提高及政策制定提供参考。其次，以四川省作为研究对象，分析区域环境治理投资效率及其影响因素。选用城市环境基础设施建设、工业污染源治理投资总额、建设项目环保投资总额作为投入变量，将废水排放总量、工业废气年排放量、工业固体废弃物年产生量作为产出变量；运用 DEA-BCC 模型测度四川省 2004～2015 年的环境治理投资效率；采用 Tobit 模型探讨地区经济发展水平、金融发展水平、贸易依存度、政府规划、环保意识等影响环境效率的主要影响因素。

1.4.4　环境治理政策选择分析

通过近年来的努力，我国的环境治理取得了一定的效果，但在环境治理过程中，还存在着人口规模、污染来源、对外开放程度、产业结构、技术创新能力、环境治理投资等方面的制约因素，本书借鉴美国、英国、日本等发达国家在大气污染、水污染、废弃物污染治理等方面的经验和启示，从多元共治的生态环境网络化治理政策体系构建，提升科技创新能力、促进产业集聚、发展清洁生产，加大环境治理资金投入与优化环境治理投资结构，推进产业结构优化调整、转变经济增长方式等角度提出环境治理的政策选择。

1.5　研　究　方　法

1. 文献资料分析法

文献资料分析法主要是对相关的专著、学术论文、学位论文等资料的收集、整理归档与分析总结，了解学术前沿，确定研究方向，并得出相应的研究结论，从而形成对该领域科学认识的一种方法。本书围绕环境污染治理、环境质量、环境效率、环境治理投资、环境政策等领域，利用中国知网、万方、维普、Science Direct 等数据库收集大量最新研究成果，对文献中的理论综述、经验介绍、实证方法、研究结论等进行认真研读、梳理，并结合我国生态环境治理的理论与实践，对本书的研究主题、研究对象、研究范围、研究思路、研究内容、研究方法等进行提炼与归纳。同时，还通过网络等途径收集领导讲话、报纸杂志、网络报道、统计年鉴、时事新闻等内容，这为本研究提供了重要且翔实的第一手资料，开阔了研究视野，提高了理论高度。总之，本书力求通过实证分析为我国环境污染治理政策的选取提供强有力的论据。

2. 比较分析方法

比较分析方法是对某一研究对象在不同阶段或者不同对象之间的差异、特色性、本源性进行比较，以达到区别事物、了解事物、认识事物、把握事物的目的。作为自然科学、社会科学领域常用的方法之一，一般通过横向比较、纵向比较两种维度评价事物之间的差异性。在研究过程中，不仅对全国及区域历年的环境状况进行比较分析，还对我国各省份、区域各市(州)的环境状况进行比较分析，既有我国及区域历史环境状况的纵向考虑，也有省级区域之间、东中西部之间、区域各市(州)环境状况的横向比较。总之，力求通过比较分析方法，客观、准确地找寻出环境质量、环境效率、环境治理投资效率等指标的变化趋势，从而对未来环境治理政策提出有益的建议。

3. 规范分析与实证分析相结合的方法

实证分析是研究经济现象"是什么"的问题，指对经济现象、经济活动和经济行为进行归纳，概括出一系列的结论，所得的结果具有客观性。而规范分析则是回答经济现象"应该是什么"的问题，是指以价值判断为基础，制定经济问题处理的标准，梳理经济理论的前提，并将其作为政策制定的依据。规范分析应以实证分析为基础，而规范分析则是对实证分析结果进一步提炼和升华。首先，本书依据全国及区域的历史数据，运用三阶段 DEA 模型、空间计量、Super-SBM模型、门槛面板模型等方法对全国、区域环境效率、环境质量、环境治理投资效率进行实证分析，明确影响我国及区域环境治理的影响因素。其次，通过具有思辨性的规范分析方法对环境治理过程中存在的深层次制约因素及相应的政策选取进行分析。

1.6 基本思路与技术路线

1.6.1 基本思路

本书的研究思路遵循"文献梳理—理论建模—实证分析—结果分析—国外经验—政策设计"这一分析脉络。首先，基于熵权法测算全国和区域的环境污染综合指数，依据 Moran 指数与散点图、LISA(local indicators of spatial association，空间联系的局部指标)集聚图分析我国及区域环境污染的空间集群和集聚状况，运用空间面板模型实证分析环境污染的影响因素。其次，基于 2006～2015 年省级区域的面板数据，采用三阶段 DEA 模型评价相同环境下全国和区域的环境效率水平、变化趋势及其差异性，探讨环境效率的影响因素，剥离外部环境因素与随机误差因素的影响，为测度环境效率的真实水平提供可行的方法。然后，采用Super-SBM 模型评价我国各省域 2011～2014 年的环境治理投资效率、水污染治理投资效率和大气污染治理投资效率，并通过门槛面板模型实证分析我国环境治理投资效率的关键影响因素；选用 DEA-Tobit 两步法对 2004～2015 年的区域环境治理投资效率及其影响因素做有效测算与探究。最后，基于模型实证分析的结果，借鉴美国、英国、日本等发达国家环境治理的经验和启示，提出诸多环境治理的政策措施与建议。

1.6.2 技术路线

本书的技术路线如图 1.1 所示。

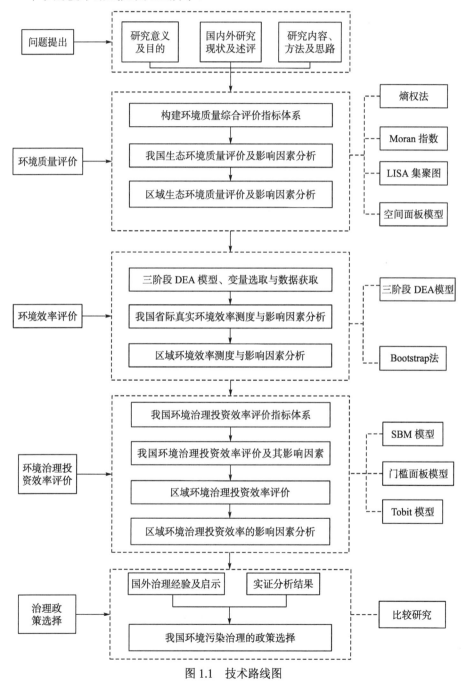

图 1.1 技术路线图

第 2 章　我国环境污染与治理现状考察

2.1　引　　言

随着改革开放进程的加快和自由贸易体制的形成，我国经济高速发展，一跃成为世界第二大经济体，经济建设的突飞猛进也让我们付出了相应的代价，以牺牲环境为主的高耗能、高排放的粗放式经济增长方式导致了环境的高污染现状，也加剧了我国经济发展与环境保护之间的冲突，环境问题已成为遏制我国经济发展的重要因素。我国的环境保护始于 20 世纪 70 年代，国家于 1983 年将环境保护确定为一项基本国策后，我国的环境保护正式制度化，并于 1989 年颁布第一部环境保护法，后来陆续颁布了诸多相关法律法规，出台了许许多多的环境保护政策和措施。这些举措充分表达了我国对于环境保护的重视，环境污染的治理也逐步提上国家日程。尽管我国的环境建设取得了巨大成绩，但由于各方因素的制约，环境保护远远没有达到期望的目标，生态环境持续恶化的趋势没有发生根本性改变，环境污染越来越严重，环境问题频发，尤其是近几年我国频繁出现的雾霾天气，严重影响了人们的健康和生活。2013 年我国遭受了有史以来最严重的雾霾侵袭，全国的平均雾霾天数达 29 天之多，侵袭全国 25 个省份、100 多个大中型城市，水体污染和土壤污染状况也在不断加剧。

本章根据《中国统计年鉴》2005～2015 年的省级面板数据，采用非参数方法探讨工业废水、工业废气、工业固体废弃物与人均地区生产总值的关系。其次，运用核密度估计函数分析工业废水、工业废气、工业固体废弃物的排放现状及其演进趋势。最后，从我国环境污染治理角度出发，主要分析我国环境污染治理方式的发展演变过程、环境污染治理的政策与制度和环境污染治理投资情况，从而可从整体上了解我国当前的环境污染及治理形势。

2.2　经济发展与环境污染的关系分析

对于环境污染与经济发展的关系而言，很多学者采用环境库兹涅茨曲线等参数分析方法验证了不同国家或地区的环境污染与经济增长的关系，结论因方法和区域的不同而有所差别。除了采用参数回归模型之外，还可以采用非参数分析方法，该方法可以不提前考虑总体分布或参数的假定，避免了参数方程形式的误设，具有较强的稳健性。本节根据 2005～2015 年的省级面板数据，采用非参数回归方法对工业废水、工业废气、工业固体废弃物与国内生产总值的关系进行了评价分析。结果发现，我国工业"三废"排放与人均国内生产总值之间不存在显著的环境库兹涅茨曲线关系。

2.2.1　经济发展与水污染的关系

图 2.1 和图 2.2 为我国 2005～2015 年人均地区生产总值与工业废水排放总量、人均工业废水排放量之间关系的非参数回归。结果表明，随着经济的增长，工业水污染呈下降趋势，这将有助于水污染环境的改善。

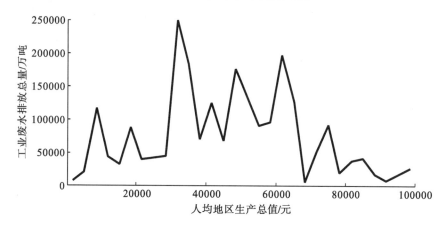

图 2.1　人均地区生产总值与工业废水排放总量间的非参数估计

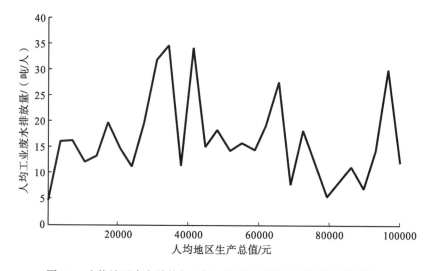

图 2.2　人均地区生产总值与人均工业废水排放量间的非参数估计

2.2.2　经济发展与大气污染的关系

图 2.3 和图 2.4 为人均地区生产总值与工业废气排放总量、人均工业废气排放量之间的非参数回归关系。结果表明，随着人均地区生产总值的增加，工业废气排放总量呈先增长后降低的多个循环变化过程，但随着人均地区生产总值的增加，工业废气排放量总体呈现下降趋势；而人均工业废气排放量则呈先增长后降低趋势，并长期维持在 2 万~6 万标立方米，当人均地区生产总值从 9 万元增加到 10 万元时呈现为先增长后降低的趋势。

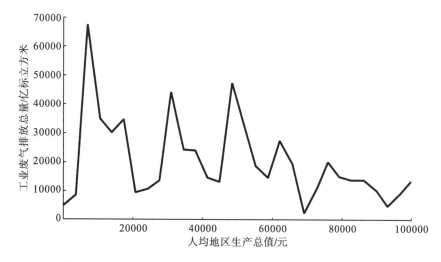

图 2.3　人均地区生产总值与工业废气排放总量间的非参数估计

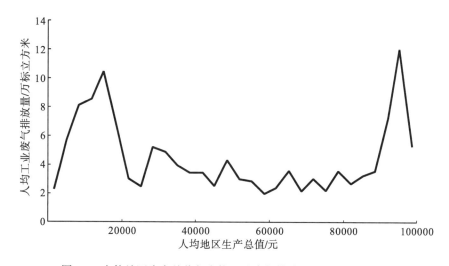

图 2.4　人均地区生产总值与人均工业废气排放量间的非参数估计

2.2.3 经济发展与工业固体废弃物污染的关系

图 2.5 和图 2.6 为人均地区生产总值与工业固体废弃物排放总量、人均工业固体废弃物排放量关系的非参数回归。结果表明，当人均地区生产总值从 0 增加到 2 万元时，工业固体废弃物排放总量呈递增趋势，且随着经济的增长，工业固体废弃物排放总量呈现较为强烈的下降趋势。

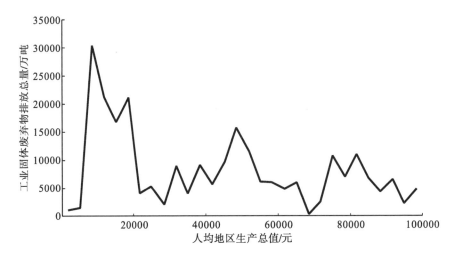

图 2.5　人均地区生产总值与工业固体废弃物排放总量间的非参数估计

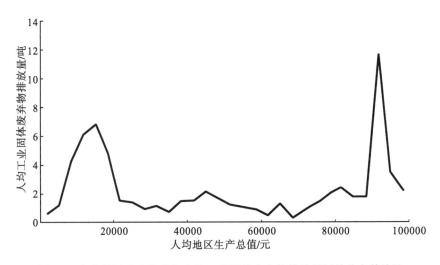

图 2.6　人均地区生产总值与人均工业固体废弃物排放量间的非参数估计

2.3　我国环境污染现状及演进分析

2.3.1　Kernel 密度估计法

为了有效地评估我国各省域环境污染的排放现状及空间分布差异情况，本章采用 Kernel 密度估计法探讨我国各省、区、市工业废水、工业废气、工业固体废弃物的排放总量和人均排放量，从中找出我国三大类污染物的演变规律。Kernel 密度估计法作为一种非参数检验方法，是运用平滑的峰值函数拟合观测数据，模拟真实的概率分布曲线。Kernel 密度估计公式如下：

$$f_h(x) = \frac{1}{n}\sum_{i=1}^{n} K_h(x - \mathrm{x}_i) = \frac{1}{nh}\sum_{i=1}^{n} K_h\left(\frac{x - \mathrm{x}_i}{h}\right) \tag{2.1}$$

式中，x 为待估计的 Kernel 变量；n 为样本个数；h 为带宽，是一个平滑参数且 $h > 0$；$K(.)$ 为核函数，$K_h(x) = \frac{1}{h}K\left(\frac{x}{h}\right)$ 为缩放核函数。由于窗宽的选择有比较多的方法，本章运用正态分布函数作为 K_h 的选择。

2.3.2　我国水体污染状况

水作为生命之源，是我们生存的必需品，但是随着人口规模急剧扩张，经济粗放式的发展以及水资源的不合理配置，缺水问题和水资源污染问题严重影响了我国居民的生活和健康，也制约着我国的经济发展。水体污染是指某种物质进入水体的含量超过了水体自身的净化能力，导致水体在物理、化学和生物性方面特征发生变化，弱化水的效用，导致水质恶化，破坏生态环境平衡，危及人体健康。水体污染主要是由工业生产各环节产生的废水排放，生活洗涤用水和粪尿污水以及农林业化肥农药的大量使用，禽畜类粪便废水等随意排放导致。水体污染会引起一些寄生虫病，增加人体肠道疾病和一些癌症患病率等；给工业造成严重的经济损失，影响工业生产的产量和质量；导致土壤破坏，农作物减产；湖泊重金属污染严重，水体富营养化，造成捕渔业大幅减产等问题。

1. 我国水污染的演变情况

图 2.7 和图 2.8 是我国 2005 年、2008 年、2011 年和 2015 年 4 个代表年份的工业废水排放总量及人均工业废水排放量的分布和演变趋势。从 Kernel 密度分布图可以看出，工业水污染的中心度在整体上呈现不变的态势，表明我国工业水污染的整体排放呈稳定趋势。Kernel 密度分布的峰值由小变大，意味着水污染排放由高排放量的发散演化逐渐向低排放量的收敛方向发展。

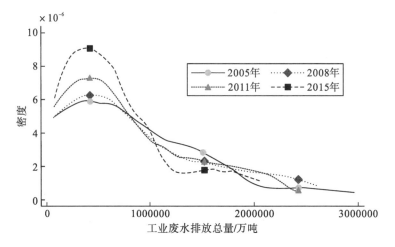

图 2.7　代表年份工业废水排放总量的 Kernel 密度分布

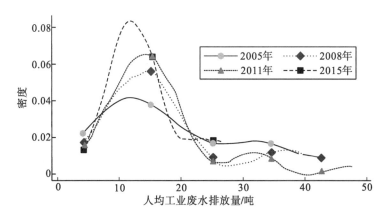

图 2.8　代表年份人均工业废水排放量的 Kernel 密度分布

2. 各省、区、市工业废水排放总体演变趋势

表 2.1 为 2005 年和 2015 年各省、区、市工业废水排放总量和人均工业废水排放量的演变趋势。从总体排放量来看，山西、内蒙古、安徽、江西、山东、河南、贵州、云南、甘肃、青海、新疆 11 个省(区)的工业废水排放总量增加，而其余 19 个省、区、市的排放总量减少，我国的工业废水排放总量则从 2005 年的 2430127 万吨下降到 2015 年的 1994500 万吨，排放形势有所好转。但从人均工业废水排放量来看，除山西、内蒙古、安徽、江西、山东、河南、贵州、云南、甘肃、青海、新疆 11 个省(区)有所增加外，其余省、区、市均呈下降趋势。这意味着我国的工业废水总体排放量有所减少，但还没有从根本上得到有效的治理。

表 2.1　2005 年和 2015 年各省(区、市)工业废水污染变化情况

省份	工业废水排放总量			人均工业废水排放量		
	2005 年/万吨	2015 年/万吨	增减幅度/%	2005 年/吨	2015 年/吨	增减幅度/%
北　京	12813	8978	-29.93	8.33	4.14	-50.36
天　津	30081	18973	-36.93	28.84	12.26	-57.48
河　北	124533	94110	-24.43	18.18	12.67	-30.27
山　西	32099	41356	28.84	9.57	11.29	17.97
内蒙古	24967	35753	43.20	10.46	14.24	36.07
辽　宁	105072	83140	-20.87	24.89	18.97	-23.78
吉　林	41189	38772	-5.87	15.17	14.08	-7.13
黑龙江	45158	36410	-19.37	11.82	9.55	-19.20
上　海	51097	46939	-8.14	28.74	19.44	-32.37
江　苏	296318	206427	-30.34	39.64	25.88	-34.71
浙　江	192426	147353	-23.42	39.29	26.60	-32.29
安　徽	63487	71436	12.52	10.37	11.63	12.08
福　建	130939	90741	-30.70	37.04	23.64	-36.19
江　西	53972	76412	41.58	12.52	16.73	33.67
山　东	139071	186440	34.06	15.04	18.93	25.91
河　南	123476	129809	5.13	13.16	13.69	4.02
湖　北	92432	80817	-12.57	16.19	13.81	-14.69
湖　南	122440	76888	-37.20	19.36	11.34	-41.43
广　东	231568	161455	-30.28	25.19	14.88	-40.91
广　西	145609	63253	-56.56	31.25	13.19	-57.79
海　南	7428	6879	-7.39	8.97	7.55	-15.83
重　庆	84885	35524	-58.15	30.34	11.77	-61.19
四　川	122590	71647	-41.56	14.93	8.73	-41.50
贵　州	14850	29174	96.46	3.98	8.26	107.59
云　南	32928	45933	39.50	7.40	9.69	30.91
陕　西	42819	37730	-11.88	11.51	9.95	-13.58
甘　肃	16798	18760	11.68	6.48	7.22	11.42
青　海	7619	8546	12.17	14.03	14.53	3.58
宁　夏	21411	16443	-23.20	35.92	24.62	-31.48
新　疆	20052	28402	41.64	9.98	12.03	20.64

注：由于部分指标无统计数据，本部分不涉及西藏、台湾、香港和澳门等地区。后同。

2.3.3　大气污染状况

大气污染又称空气污染，是由于自然过程和人类活动过程导致大气中一些物质达到有害程度，从而破坏生态环境，危害人类的舒适和健康的一种现象。大气污染主要是由工业生产排放的二氧化硫、一氧化碳、氮氧化物等气体和烟尘，交通运输业机动车辆排放的尾气，农业化肥使用和畜牧业排放的氨气，秸秆焚烧等

产生的有害气体和烟尘，建筑行业产生的建筑粉尘和废气以及生活垃圾露天摆放和焚烧造成的污染。这些排放物造成的大气污染会危害人体健康，引起呼吸系统等方面的疾病，影响经济发展，导致生产成本增加、产品寿命缩短和土壤水质酸化，影响植物正常生长，破坏臭氧层，产生温室效应等问题。

1. 我国大气污染的演变状况

图 2.9 和图 2.10 是全国 2005 年、2008 年、2011 年和 2015 年 4 个代表年份的工业废气排放总量及人均工业废气排放量的分布和演变趋势。从图中我们可以看出，无论是工业废气排放总量指标还是人均工业废气排放量指标，峰值均呈从大到小的变化趋势。如 2005 年的 Kernel 密度的峰值都非常高，分布中心所处位置所表示的排放量则较低，这意味着在 2005 年大气污染呈低排放量的收敛趋势。而在 2008 年、2011 年和 2015 年，Kernel 密度分布的峰值不断降低，且中心不断从左向右移动，说明我国的大气污染总体上不断加剧，空间上呈发散状态。

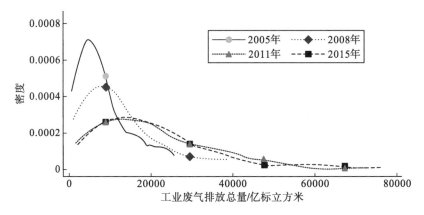

图 2.9　工业废气排放的 Kernel 密度分布

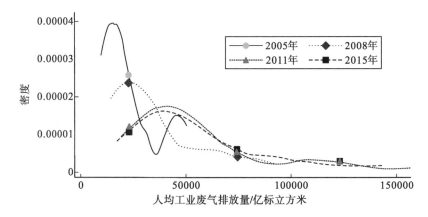

图 2.10　人均工业废气排放的 Kernel 密度分布

2. 各省、区、市工业废气排放总体演变趋势

表 2.2 为 2005 年和 2015 年各省份工业废气排放总量和人均工业废气排放量的变化趋势。从工业废气排放总量来看，全国 30 个省份的废气排放总量都在大幅度增加，增加幅度较快的有贵州、新疆、安徽、青海、江西、陕西、甘肃、宁夏、内蒙古等省份；而从 2015 年的排放总量来看，排放水平较高的省份主要集中在河北、山西、内蒙古、辽宁、江苏、安徽、山东、河南、广东等省份。从人均工业废气排放量来看，除北京有所降低外，其他所有省份均显著增加，其中贵州、安徽、新疆、江西、青海、陕西、甘肃、内蒙古、宁夏等省份的增加量尤为突出，而大气污染相对严重的区域则逐渐向西部地区收缩。这表明我国大气污染情况在过去的十多年呈现出较为严重的恶化趋势。

表 2.2　2005 年和 2015 年各省(区、市)大气污染变化情况

省份	工业废气排放总量			人均工业废气排放量		
	2005 年/亿标立方米	2015 年/亿标立方米	增加幅度/%	2005 年/万标立方米	2015 年/万标立方米	增加幅度/%
北 京	3532	3676	4.08	2.30	1.69	-26.27
天 津	4602	8355	81.55	4.41	5.40	22.40
河 北	26518	78570	196.29	3.87	10.58	173.38
山 西	15142	33721	122.70	4.51	9.20	103.92
内蒙古	12071	35855	197.03	5.06	14.28	182.25
辽 宁	20903	34017	62.74	4.95	7.76	56.76
吉 林	4939	10524	113.08	1.82	3.82	110.22
黑龙江	5261	10843	106.10	1.38	2.84	106.53
上 海	8482	12802	50.93	4.77	5.30	11.12
江 苏	20197	57883	186.59	2.70	7.26	168.59
浙 江	13025	26841	106.07	2.66	4.85	82.23
安 徽	6960	30794	342.44	1.14	5.01	340.71
福 建	6265	17204	174.60	1.77	4.48	152.86
江 西	4379	17055	289.47	1.02	3.74	267.72
山 东	24129	56808	135.43	2.61	5.77	121.11
河 南	15498	36286	134.13	1.65	3.83	131.66
湖 北	9404	23643	151.41	1.65	4.04	145.31
湖 南	6014	15320	154.74	0.95	2.26	137.58
广 东	13447	30547	127.17	1.46	2.82	92.51
广 西	8339	16773	101.14	1.79	3.50	95.44
海 南	910	2339	157.03	1.10	2.57	133.62

续表

省份	工业废气排放总量			人均工业废气排放量		
	2005 年 /亿标立方米	2015 年 /亿标立方米	增加幅度 /%	2005 年 /万标立方米	2015 年 /万标立方米	增加幅度 /%
重 庆	3655	9928	171.63	1.31	3.29	151.91
四 川	8140	16538	103.17	0.99	2.02	103.37
贵 州	3852	18288	374.77	1.03	5.18	401.67
云 南	5444	15549	185.62	1.22	3.28	168.03
陕 西	4916	17303	251.97	1.32	4.56	245.20
甘 肃	4250	13293	212.78	1.64	5.11	212.05
青 海	1370	5405	294.53	2.52	9.19	264.33
宁 夏	2844	8760	208.02	4.77	13.11	174.82
新 疆	4485	20087	347.87	2.23	8.51	281.45

2.3.4　固体废弃物污染状况

1. 我国固体废弃物污染的演变状况

图 2.11 和图 2.12 为全国 2005 年、2008 年、2011 年、2015 年 4 个代表年份的工业固体废弃物产生总量和人均工业固体废弃物产生量的分布及演化趋势。从 Kernel 密度分布可以看出，无论是工业固体废弃物产生总量还是人均固体废弃物产生量指标，Kernel 密度函数的峰值均呈现从高到低的显著下降趋势，意味着我国固体废弃物污染水平出现了分化现象；Kernel 密度函数中心则呈现从左向右移动、逐渐增加的趋势，表明我国固体废弃物污染呈现出不断恶化的态势。

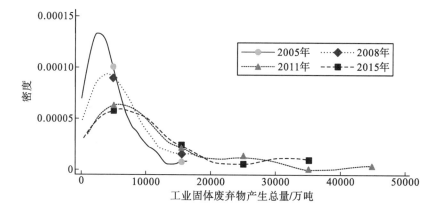

图 2.11　代表年份工业固体废弃物产生总量的 Kernel 密度分布

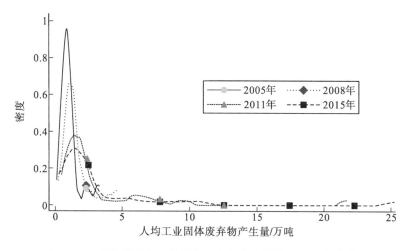

图 2.12　代表年份人均工业固体废弃物产生量的 Kernel 密度分布

2. 各省、区、市工业固体废弃物污染排放总体演变趋势

表 2.3 为 2005 年和 2015 年全国各省份的工业固体废弃物产生总量和人均固体废弃物产生量的演变趋势。不难看出，只有北京和上海两个地区的工业固体废弃物总量在减少，北京市工业固体废弃物总量减少幅度较大，达到了 42.65%，上海只是略微减少，仅为 4.89%；而全国其他各省(区、市)的工业固体废弃物产生总量则是大幅增长，其中，青海省的工业固体废弃物产生总量增幅更是超过了 2000%，这表明全国总体工业固体废物产生总量仍在大幅增加，污染情况不断恶化。人均工业固体废弃物产生量与工业固体废弃物产生总量的总体趋势大致相同，只是除了北京、上海和天津市以外，全国其他各省(区、市)皆为正增长，由于青海的工业固体废弃物产生总量增幅太大，但人口却没有呈现急剧上升的趋势，其人均固体废物产生量的增幅也超过了 2000%。这表明我国工业固体废弃物污染状况总体呈现出不断恶化的趋势。

表 2.3　2005 年和 2015 年各省(区、市)工业固体废弃物污染变化情况

省份	工业固体废弃物产生总量			人均工业固体废弃物产生量		
	2005 年/万吨	2015 年/万吨	增减幅度/%	2005 年/吨	2015 年/吨	增减幅度/%
北京	1238	710	-42.65	0.80	0.33	-59.37
天津	1123	1546	37.67	1.08	1.00	-7.18
河北	16279	35372	117.29	2.38	4.76	100.49
山西	11183	31794	184.31	3.33	8.68	160.33
内蒙古	7363	26669	262.20	3.09	10.62	244.17
辽宁	10242	32434	216.68	2.43	7.40	205.04

续表

省份	工业固体废弃物产生总量			人均工业固体废弃物产生量		
	2005 年/万吨	2015 年/万吨	增减幅度/%	2005 年/吨	2015 年/吨	增减幅度/%
吉林	2457	5385	119.17	0.90	1.96	116.22
黑龙江	3210	7495	133.49	0.84	1.97	133.98
上海	1964	1868	-4.89	1.10	0.77	-29.98
江苏	5757	10701	85.88	0.77	1.34	74.20
浙江	2514	4486	78.44	0.51	0.81	57.79
安徽	4196	13059	211.22	0.69	2.13	210.01
福建	3773	4956	31.35	1.07	1.29	20.95
江西	7007	10777	53.80	1.63	2.36	45.21
山东	9175	19798	115.78	0.99	2.01	102.66
河南	6178	14722	138.30	0.66	1.55	135.78
湖北	3692	7750	109.91	0.65	1.32	104.82
湖南	3366	7126	111.71	0.53	1.05	97.44
广东	2896	5609	93.68	0.31	0.52	64.14
广西	3489	6977	99.97	0.75	1.45	94.30
海南	127	422	232.28	0.15	0.46	202.01
重庆	1777	2828	59.14	0.64	0.94	47.59
四川	6421	12316	91.81	0.78	1.50	92.00
贵州	4854	7055	45.34	1.30	2.00	53.58
云南	4661	14109	202.70	1.05	2.98	184.06
陕西	4588	9330	103.36	1.23	2.46	99.44
甘肃	2249	5824	158.96	0.87	2.24	158.36
青海	649	14868	2190.91	1.20	25.29	2015.58
宁夏	719	3430	377.05	1.21	5.13	325.63
新疆	1295	7263	460.85	0.64	3.08	377.67

2.4 我国环境污染治理分析

2.4.1 环境治理方式演变

1956 年颁布的《关于防止厂矿企业中矽尘危害的决定》是我国最早的关于环境污染治理的政策，而于 1973 年第一次全国环境保护会议上通过的《关于保护和改善环境的若干规定》，标志着我国环境污染治理政策正式启动。我国的环境污染治理政策与经济增长的方式是相适应的，1972～1989 年是我国环境污染治理的起始阶段，该阶段的经济发展战略为重工业优先，相应的环境污染源主要是工业能源消耗产生的烟尘污染，治理的主要措施是改造锅炉、控制污染点源。

　　环境污染治理的发展变革阶段是 1989～2010 年，该阶段的经济发展加速，能源耗费量激增，工业硫化物排放量扩大，环境污染问题越发严重，尤其是二氧化硫污染造成的区域性酸雨污染问题，经济发展与环境保护之间的矛盾激化，这时我国提出了经济与环境协调发展的可持续战略，这个阶段的环境污染治理不再着眼于终端治理和分散治理，而是实现对污染全过程、集中性的治理，将污染物单一浓度控制与总量控制相结合，并正式实施大气污染许可证制度，环境治理体系建设在国民经济发展中的地位日益提升。2000～2010 年，我国的环境污染主要是由工业排放的煤烟、酸雨以及光化学污染等造成的，并具有一定的区域性特征，经济发展与环境保护的冲突日益加大，导致治理政策开始向环境污染防治战略倾斜，因此，"十一五"时期我国提出提高资源利用效率，改善能源结构，休养生息，建设资源节约型、环境友好型社会的目标，同时，国家还出台了大气污染监测制度。

　　2010 年以来，我国大气污染造成了覆盖区域广、持续时间长的雾霾天气，水体污染导致用水安全危机等，严重影响了人们的正常生活，我国环境污染政策治理也由此进入转型阶段。在转型阶段，政府致力于环境污染政策治理措施的综合运用，同时关注环境质量改善和污染物排放总量，着手于多种污染物共同控制，对多种污染源实施综合控制和区域联防联控等，建立健全环境污染治理的政策体系，转变经济发展理念和生产方式，推进供给侧结构性改革，加强立法，确立环境赔偿制度，鼓励参与环保产业，引导市场治理机制建立。

2.4.2　环境污染治理措施

　　目前我国的环境污染治理是由政府主导，多主体参与的政策治理体系，政府通过法律法规和行政命令等限制企业废弃物的排放，并提出谁污染谁治理的政策，鼓励发展环保产业，引导市场参与环境治理，同时增强公民环保意识，起主导作用的始终是行政命令手段。我国现行的环境治理政策主要有环境影响评价制度、"三同时"制度、限期治理制度、污染集中控制制度、总量控制制度和排污许可证制度等，经过对环境治理的不懈努力，我国的环境治理在很多方面取得了进步，环境治理体系也日趋完善。

1. 环境影响评价制度

　　我国的环境影响评价制度是通过评价可能对周围地区环境造成的环境污染和

破坏从而提出相应的对策以减少和防治环境破坏方案的制度，它发生在可能影响环境的工程建设的规划或其他活动之前。我国在 1973 年第一次提出环境影响评价的概念，1979 年颁布了《环境保护法》（试行），1989 年颁布的《环境保护法》正式将环境影响评价制度化和法律化，1999 年出台的《建设项目环境影响评价资格证书管理办法》，让我国环境影响评价变得专业化，而让我国环境影响评价趋于完善的里程碑事件是 2003 年颁布实行的《环境影响评价法》。当前环境影响评价对环境污染治理表现出巨大的积极作用。

2."三同时"制度

"三同时"制度是指在建设项目过程中的防治污染设施，应与主体工程同时设计、施工和投产使用的制度，它是中国出台最早的一项环境管理制度。1973 年，在国务院批准的《关于保护和改善环境的若干规定》中开始出现"三同时"制度，但执行率不高，《环境保护法》的出台让它在法律上再次被确认，1981 年出台的《基本建设项目环境保护管理办法》将其纳入基本建设程序，到 1988 年，"三同时"执行率达到较高水平。

3.限期治理制度

限期治理制度是指法定机关强令已经对环境造成严重污染的企事业单位在规定的期限内完成环境污染治理规定的要求，如果不能完成的，有关部门会对相应企事业单位实施关、停、转、并、迁等强制措施，适用范围分为区域性、行业性和企业性限期治理，区域性主要是针对水体污染的治理。《环境保护法》（试行）在法律上确定了限期治理制度，虽然此制度在不断完善中，但其中还存在不少问题。

4.污染集中控制制度

污染集中控制制度是通过将一定区域内的污染处理设施集中在一起，以同时进行多个项目污染源的集中控制和处理的制度。它以规划为前提，地方政府协调为关键，与分散控制相结合，通过采取在一定区域建立集中处理污染源的方法，达到节省环保资金，提高处理效率的目的。

5.总量控制制度

总量控制最早是日本提出的，我国 20 世纪 90 年代后期开始实施这一制度，它是指国家环境管理机关对不同区域中的污染物质排放总量进行控制，并以此为依据，规定区域内个别企业的污染物排放总量额度的法律制度。给排污企业分配排污权后，强制企业依据得到的排污权进行污染物的排放，企业也可以将排污权拿到市场进行交易。

6. 排污许可证制度

排污许可证制度要求单位或者个人必须在排放污染物之前申请领取排污许可证，获得排污许可证之后才能向环境中排放污染物，以污染物总量控制为基础，现实中大多采用政府征收排污费的方式。1987 年排污许可证制度试点工作率先在上海、杭州等城市开展，1989 年第三次全国环保会议上，正式提出这一制度。《水污染防治法实施细则》（2000）、《大气污染防治法》（2000）和《水污染防治法》（2008）中对这一制度进行了详细的说明。排污许可证制度的实施是政府主导的，又是市场调节的。

我国的环境污染治理除了这些制度之外，还有环境污染责任保险制度、环境污染强制保险制度、大气污染监测制度、环境保护税收制度等，治理手段多样化、复合化，总体上围绕着污染物排放的总量控制展开，逐步形成了我国环境污染的政策治理体系。以上的这些污染治理制度主要是行政命令为主，其中排污许可证制度及环境污染责任保险制度是市场激励型制度，除开这些制度，我国还有对于清洁生产、清洁能源使用的自愿型手段，但是由于体系不完善、人口规模大、粗放式的经济发展等原因，我国的环境治理一直落后于经济发展对环境破坏的速度。

2.4.3 环境污染治理投资现状

随着经济的发展和人们生活水平的提高，环境越来越受到人们的重视，在我国环境污染情况日益严重的今天，环境污染治理显得越来越重要，治理污染不仅需要法律制度规范和国家政策引导，更离不开资金支持。环境污染治理投资指建设城市环境基础设施和治理工业污染源的投入资金中固定资产部分的资金，它是治理环境污染、改善环境现状的有效手段。在我国，环境污染治理投资包括城市环境基础设施建设投资、工业污染源治理投资和建设项目"三同时"投资三部分，投资在合理的规模和结构时，能够产生有效治理环境污染的效果。近年来我国环境治理投资力度在逐步加大，投资包括政府财政投资和企业投资，其中企业投资总额不到政府投资总额的 10%，说明我国环境污染治理投资中，政府财政投资是环境污染治理的支柱。

表 2.4 为我国 2001～2015 年全国环境治理投资情况，数据表明了 2001～2015 年我国环境治理投资情况及其在 GDP 中的地位。从横向来看，工业污染源治理和建设项目"三同时"资金投入占治理投资的总额均低于城市环境基础设施建设。从纵向来看，2001～2015 年，我国环境治理投资占 GDP 的比重整体上处于上升趋势，2014 年处于最大投资状态，投资额达到 9575.5 亿元，是 2001 年的 8.2 倍，投资增速很快，投资额比重在不同的年份出现一定程度的波动，表现出

增降相间，整体上升的趋势。环境污染治理投资总额从 2001 年的 1166.7 亿元增加到 2015 年的 8806.3 亿元，上涨近 8 倍；城市环境基础设施建设投资从 2001 年的 695.7 亿元增至 2015 年的 4946.8 亿元，而从 2011 年开始，整体处于上升趋势；建设项目"三同时"投资从 2001 年的 336.4 亿元增加到 2015 年的 3085.8 亿元，涨幅达 9 倍；工业污染源治理投资呈现先增长后降低、再增长的过程，从 2001 年的 174.5 亿元增至 2015 年的 773.7 亿元，涨势比较平稳。总体来说，我国环境污染治理投资额呈逐步增加的趋势，投资力度增势较快，占 GDP 的比重也呈上升趋势。

表 2.4   2001～2015 年全国环境治理投资情况

年份	环境污染治理投资总额/亿元	城市环境基础设施建设投资/亿元	工业污染源治理投资/亿元	建设项目"三同时"投资/亿元	环境治理投资占GDP 比重/%
2001	1166.7	695.7	174.5	336.4	1.01
2002	1456.5	789.1	188.0	389.7	1.14
2003	1750.1	1072.4	228.1	333.5	1.20
2004	2057.5	1141.2	308.1	460.5	1.19
2005	2565.2	1289.7	458.2	640.1	1.30
2006	2779.5	1314.9	483.9	767.2	1.22
2007	3668.8	1467.8	552.4	1367.4	1.36
2008	4937.0	2247.7	524.6	2146.7	1.57
2009	5258.4	3245.1	442.6	1570.7	1.54
2010	7612.2	5182.2	397.0	2033.0	1.90
2011	7114.0	4557.2	444.4	2122.4	1.50
2012	8253.5	5062.7	500.5	2690.4	1.53
2013	9516.5	5223.0	869.7	3425.8	1.67
2014	9575.5	5463.9	997.7	3113.9	1.51
2015	8806.3	4946.8	773.7	3085.8	1.28

表 2.5 为 2015 年全国各地区环境污染治理投资情况。从表中可以看出，山东、湖南、内蒙古、浙江、江苏、安徽、北京、河北等省份的环境污染治理投资总额较大，最多的投入达 952.5 亿元。各省的环境基础设施建设和建设项目"三同时"投资都比工业污染源治理的资金投入量要大，而从环境治理投资占 GDP 比重来看，新疆、内蒙古、宁夏、山西、安徽、湖南、甘肃、北京、广西、青海、江西、河北、陕西、贵州等省份的环境治理投资占 GDP 比重均超过全国平均水平(1.28%)。总体上，我国环境治理投资金额越来越大，对环境污染的治理

也越来越重视。

表 2.5 2015 年全国各地区环境污染治理投资情况

	环境污染治理 投资总额/亿元	城市环境基础设施 建设投资/亿元	工业污染源治理 投资/亿元	建设项目"三同 时"投资/亿元	环境治理投资 占 GDP 比重/%
全 国	8806.4	4946.8	773.7	3085.8	1.28
北 京	412.5	383.4	10.0	19.1	1.79
天 津	126.4	82.3	24.0	20.2	0.76
河 北	397.5	218.1	54.2	125.3	1.33
山 西	257.6	155.7	29.7	74.1	2.02
内蒙古	536.4	374.0	43.9	118.5	3.01
辽 宁	291.1	101.0	19.0	171.1	1.02
吉 林	110.8	77.5	12.1	21.2	0.79
黑龙江	156.9	119.0	19.3	18.5	1.04
上 海	220.3	108.8	21.2	90.3	0.88
江 苏	952.5	452.1	62.2	438.2	1.36
浙 江	520.8	219.6	58.6	161.5	1.03
安 徽	439.7	324.7	17.9	97.1	2.00
福 建	229.7	139.4	44.7	45.6	0.88
江 西	235.5	157.1	14.8	63.6	1.41
山 东	693.2	425.1	94.6	173.6	1.10
河 南	295.8	193.4	33.0	64.9	0.80
湖 北	246.8	152.5	15.8	78.5	0.84
湖 南	573.6	161.3	26.1	350.1	1.86
广 东	292.6	70.7	34.7	187.2	0.40
广 西	261.2	148.5	24.7	88.0	1.55
海 南	22.2	20.4	1.3	0.5	0.60
重 庆	139.0	94.8	6.0	38.2	0.88
四 川	216.0	133.4	11.8	70.8	0.72
贵 州	137.5	87.7	10.7	39.1	1.31
云 南	140.8	70.0	21.6	49.2	1.03
陕 西	240.4	169.9	28.0	42.5	1.33
甘 肃	122.6	82.3	4.1	36.2	1.80
青 海	34.9	20.9	4.9	9.0	1.44
宁 夏	86.9	35.1	10.4	41.4	2.98
新 疆	288.7	160.4	15.8	112.5	3.10

注：由于西藏、台湾、香港、澳门地区部分指标无统计数据，故本部分不涉及这些地区。

2.5 本 章 小 结

本章根据 2005～2015 年的省级面板数据，采用非参数回归分析方法检验了工业废水、工业废气、工业固体废弃物与人均地区生产总值之间的关系，结果表明环境污染与经济发展之间并不存在显著的环境库兹涅茨曲线关系。其次，运用 Kernel 密度估计法对我国环境污染现状及其演进趋势进行了分析，结果表明，工业水污染的整体排放呈稳定趋势,由高排放量的发散演化逐渐向低排放量的收敛方向发展；我国的大气污染和固体废弃物污染均呈现出不断恶化的态势。最后，分析了我国环境污染治理方式经历的起始阶段、发展变革阶段和转型阶段的演变过程，环境影响评价制度、"三同时"制度、限期治理制度、污染集中控制制度、总量控制制度和排污许可证制度等治理措施，并对全国及各省的环境污染治理投资情况进行了讨论。总体上来讲，我国环境治理投入金额越来越大，社会各界对环境污染的治理也越来越重视。

第3章 我国生态环境质量评价及影响因素分析

3.1 引 言

随着我国经济的快速发展和人口规模的不断扩大，资源过度消耗(李平星等，2015)和一系列生态环境问题日益突出，经济发展与生态环境之间的矛盾也在现阶段集中显现。如资源约束趋紧、水土流失严重、耕地大面积减少、大气污染加剧(任婉侠等，2013)、水和土壤污染等环境问题日益严峻。尤其是范围大、持续时间长的严重雾霾天气成了社会关注的焦点，据《2016 年中国环境状况公报》显示，我国有 84 个城市的空气质量达标，有 254 个城市的空气质量超标，中国已成为世界 PM2.5 超标的重灾区，PM2.5 超标范围已覆盖全国绝大部分地区。这些严峻的资源环境状况已成我国经济社会可持续发展的硬约束，也受到越来越多学者的关注。近年来，各级政府都十分重视生态环境的改善和环境污染的治理，相继出台了诸多环境保护政策，虽然生态环境建设取得了巨大的成绩，但生态环境不断恶化的趋势依然没有发生根本性的改观，环境质量依然不能令人满意。2009 年 12 月，我国在哥本哈根气候大会上提出了减排目标：到 2020 年，单位 GDP 的二氧化碳排放量要比 2005 年降低 40%～45%。这表明我国政府将环境治理提高到了战略高度，然而要实现这个目标，需要对各个地区的环境污染水平进行有效的测度，把握环境质量现状及发展趋势，并根据评价结果提出针对性的政策措施，才能真正实现我国节能减排的宏伟目标。因此，本书选取废水排放总量、废气排放总量、二氧化硫排放总量、烟(粉)尘排放总量、固体废弃物产生量等五类指标作为环境污染评价指标。其中，指标中的排放总量表示污染物工业排放与生活排放的总和。同时为了使所选指标数据能更好地反映实际污染情况，选择总量指标而非人均量指标，选取产出水平、产业结构、科技水平、制度结构、人口压力、对外开放程度、环保意识作为区域环境污染的主要影响因素。以我国 31 个省、区、市(不含香港、澳门和台湾)为研究区域，科学评价各省域环境污染现状及发展趋势，结合空间经济学的理论知识与模型，分析造成研究区域环境污染的具体因素，并提出相应的政策建议，以期为提高我国区域环境效益提供科学参考。

3.2　研　究　方　法

客观、准确、科学地评价区域环境污染状况，不仅可以准确把握环境质量现状，而且还可以摸清生态环境演变规律，同时也是探讨环境污染影响因素、环境治理路径的前提和必要手段(李政大等，2014)。

3.2.1　环境污染综合指数

借鉴前面文献综述中许和莲和邓玉萍(2012)采用的熵权法来测算环境污染综合指数，指数值越大，意味着环境污染越严重。具体的计算过程如下。

(1)原始数据的标准化处理：

$$p_{ij}{''} = \frac{x_{ij} - \min\left\{x_{ij}\right\}}{\max\left\{x_{ij}\right\} - \min\left\{x_{ij}\right\}} \tag{3.1}$$

式中，$p_{ij}{''}$表示i地区第j个指标标准化后的取值$(i=1,2,3,\cdots,n)$；x_{ij}表示i地区的第j个指标的取值$(i=1,2,3,\cdots,n)$。

(2)对标准化数据进行坐标平移，其公式为

$$p_{ij}{'} = 1 + p_{ij}{''} \tag{3.2}$$

(3)计算i地区的第j个污染指标的比重：

$$p_{ij} = \frac{p_{ij}{'}}{\sum_{i=1}^{m} p_{ij}{'}} \tag{3.3}$$

(4)计算第j个污染指标的熵值e_j和变异系数g_j：

$$e_j = \frac{1}{\ln m} \sum_{i=1}^{m} (p_{ij} \cdot \ln p_{ij}) \tag{3.4}$$

$$g_j = 1 - e_j \tag{3.5}$$

(5)计算第j个污染指标在综合评价中的权重：

$$w_j = {g_j} \bigg/ {\sum_{j=1}^{n} g_j} \tag{3.6}$$

(6)计算综合污染指数：

$$\text{ENV}_i = \sum_{j=1}^{n} w_j p_{ij} \tag{3.7}$$

式中，ENV_i表示i地区的综合污染指数，ENV_i越大，则i地区的污染程度越高。

该做法避免了主观因素造成真实环境污染综合指数的偏误，较为公正客观地确定了各个指标的权重比值，能够最大限度地反映区域实际环境污染状况。

3.2.2　空间自相关 Moran 指数

本章采用探索性空间数据分析方法进一步测度我国省域环境污染的空间性 (潘竟虎等，2014)。空间自相关(spatial autocorrelation)是指在同一分布区内，一些变量的观测值在空间上的相互依赖关系，通常又称为空间依赖(spatial dependence)。基于空间自相关 Moran 指数及其散点图可讨论不同区域环境污染是否存在空间上的集群现象，并利用局域空间关联指标 LISA 集聚图检验局部地区高值或低值在空间上是否趋于集聚。变量数据一般要受到空间扩散和空间相互作用的影响，数据之间往往是相互关联，而不是相互独立的。地理学第一定律描绘了在空间上事物之间越相近，其属性越趋同，空间现象越相似(Anselin，1988)。在空间计量经济学中，这种空间自相关性一般通过空间自相关统计量 Moran 指数来衡量，Moran 指数一般在(-1,1)区间取值，当该数值大于 0 时，表明存在着空间正自相关性，数值越大意味着空间分布的正自相关性越强；当该数值取 0 值时，则表明该空间分布为随机分布状态；当该数值小于 0 时，则说明了空间相邻单元间不具备相似属性，数值取值越小意味着各空间单元的相似性越小，差异性也就越大。其计算公式为

$$I = \frac{n\sum_{i=1}^{n}\sum_{j=1}^{n}\omega_{ij}\left(X_i-\overline{X}\right)\left(X_j-\overline{X}\right)}{\sum_{i=1}^{n}\sum_{j=1}^{n}\omega_{ij}\sum_{j=1}^{n}\left(X_i-\overline{X}\right)^2} = \frac{\sum_{i=1}^{n}\sum_{j=1}^{n}\omega_{ij}\left(X_i-\overline{X}\right)\left(X_j-\overline{X}\right)}{S^2\sum_{i=1}^{n}\sum_{j=1}^{n}\omega_{ij}} \tag{3.8}$$

$$\overline{X} = \frac{1}{n}\sum_{i=1}^{n}X_i; \quad S^2 = \frac{1}{n}\sum_{i=1}^{n}\left(X_i-\overline{X}\right)^2$$

式中，I 为 Moran 指数；n 为空间单元总数；X_i 为目标变量 X 在第 i 区域的观测值；X_j 为目标变量 X 在第 j 区域的观测值；$\overline{X}$ 为目标变量 X 的均值；ω_{ij} 为空间权重矩阵 W 中的元素；S^2 为目标变量 X 的方差。

3.2.3　空间面板模型

研究环境问题时一般采用环境库兹涅茨曲线来分析和检验，但从我国环境污染综合指数来看，我国的环境污染总体上并不严格符合环境库兹涅茨曲线。因此，本章构建空间面板模型来研究我国环境污染的影响因素。一般而言，空间面板模型主要包括空间滞后模型(spatial lag model，SLM)和空间误差模型(spatial error model，SEM)两种。空间滞后模型主要研究某一区域的环境污染行为受其邻近区域环境污染行为溢出或扩散的情形，空间误差模型是分析误差项是否存在序列相关性的问题，主要用于研究邻接地关于因变量的误差冲击造成对本地区因变量的空间影响程度，当各区域由于相对位置不同而导致各区域相互作用存在差异时采用该模型。空间滞后模型的表达式为

$$Y_{it} = \rho W_Y + \beta X_{it} + \alpha l_n + \varepsilon_{it} \tag{3.9}$$

式中，X 为自变量；Y 为因变量；W 表示 $n \times n$ 空间权重系数矩阵；ρ 为空间自回归系数，该指标反映了区域样本观测值间的空间依赖性，意味着某一区域观测值受邻近区域观测值事物的影响程度和影响方向；β 为自变量参数；l_n 为单位向量；α 为常数项；ε 为残差项。

空间误差模型的表达式为

$$Y_{it} = \beta X_{it} + l_n \alpha + \varepsilon_{it}, \varepsilon_{it} = \lambda W_Y + \mu_{it}, \mu_{it} \sim N(0, \delta_{it}^2) \tag{3.10}$$

式中，X 为自变量；Y 表示因变量；β 为自变量参数，l_n 为单位向量；α 为常数项；W 为 $n \times n$ 维空间权重系数矩阵；ε 为残差项；λ 表示自回归系数，该系数反映了省域观测值中的空间依赖性，即某省域观测值受相邻省域观测值的影响方向和影响程度；μ 为正态分布的随机误差向量；δ 为方差。

通过对已有相关文献的梳理和实际污染现状的分析，选取产出水平、产业结构、科技水平、制度结构、人口压力、对外开放程度、环保意识作为区域环境污染的主要影响因素，并对这些影响因素分别选择科学合理的指标进行度量，但对部分指标数据，将以 2005 年为基期，采用各地区历年 GDP 平减指数予以修正，具体变量的选择与度量如表 3.1 所示。由于所选择的变量既有绝对量指标，也有相对量指标，不同变量的量纲是不尽相同的，为了讨论的方便，此处对绝对量予以对数化处理，则可将前述式 (3.9)、式 (3.10) 中的模型进行改进。改进后的空间滞后模型 [式 (3.11)] 和空间误差模型 [式 (3.12)] 的表达式分别为

$$P_{it} = \rho W_p + \alpha_0 + \beta_1 \ln GDP_{it} + \beta_2 \ln PP_{it} + \beta_3 \ln EA_{it}$$
$$+ \beta_4 SS_{it} + \beta_5 IS_{it} + \beta_6 OPEN_{it} + \beta_7 TD_{it} + \varepsilon_{it} \tag{3.11}$$

$$P_{it} = \alpha_0 + \beta_1 \ln GDP_{it} + \beta_2 \ln PP_{it} + \beta_3 \ln EA_{it} + \beta_4 SS_{it}$$
$$+ \beta_5 IS_{it} + \beta_6 OPEN_{it} + \beta_7 TD_{it} + \varepsilon_{it} \tag{3.12}$$

$$\varepsilon_{it} = \lambda W_\varepsilon + \mu_{it}, \mu_{it} \sim N(0, \delta_{it}^2) \tag{3.13}$$

式中，W 表示空间邻接权重系数矩阵，即当某区域 i 和某区域 j 相邻时，W 取值为 1；当某区域 i 和某区域 j 不相邻时，W 取值为 0。

表 3.1　变量的选择与衡量

变量	因素	指标说明
P	环境污染综合指数	—
GDP	产出水平	地区生产总值
IS	产业结构	生产总值中第二产业所占比重
TD	科技水平	GDP 中研发 (R&D) 投入所占比重
SS	制度结构	工业总资产中国有资产所占比重
PP	人口压力	年初与年末人口总数之和的一半
OPEN	开放程度	进出口总额占 GDP 比重
EA	环保意识	政府环境污染治理投资总额

3.2.4　数据来源

废水、废气、二氧化硫、固废的排放数据来自历年的《中国环境统计年鉴》与各省的统计年鉴；2005～2010 年的烟(粉)尘排放数据来源于 2006～2011 年的《中国统计年鉴》；2011～2014 年的烟(粉)尘排放量数据来源于 2012～2015 年的《中国环境统计年鉴》。

3.3　环境污染综合评价

从环境污染评价指标的选取来看，大多数学者基于数据的可获取性，往往选择工业污染数据，进而得出我国各省份的区域环境污染压力在逐年缓解的结论，但这些都忽略了居民生活所产生的环境污染，这使得结论存在一定的偏差，不能正确反映实际污染水平。因此，为保证环境污染综合指数的科学、客观、准确，基于已有研究文献，且考虑到数据的可获得性，本章选取废水排放总量、废气排放总量、二氧化硫排放总量、烟(粉)尘排放总量、工业固体废弃物产生量等五类指标作为环境污染评价指标，其中，指标中的排放总量表示工业污染物排放与生活污染物排放的总和。同时，为了使所选指标数据能更好地反映实际污染情况，本章选择总量指标，而非人均量指标。

根据计算，研究所涉及的我国 30 个省(区、市)2005～2014 年环境污染综合指数如表 3.2 所示。由表 3.2 可以看出，在省域层面上，我国环境污染较为严重的地区主要分布在河北、江苏、广东、山西、内蒙古、辽宁、山东与河南等省份；而环境污染程度相对较低的区域主要分布在北京、天津、海南、青海等地。从环境污染综合指数发展变化趋势来看，北京、上海、河南、湖南、广西、重庆、四川等省(区、市)的环境污染综合指数呈现了显著的下降趋势，而天津、山西、江苏、江西等省(区、市)的环境污染综合指数则围绕均线上下波动，但总体呈现出上升趋势；其余各省份的环境污染综合指数则表现出一定程度的上升。结合近年来研究所涉及的我国 31 个省、区、市环境污染源的具体情况发现，各省、区、市的工业污染排放已呈现出较为稳定的状态，居民生活所带来的污染已越来越成为地区污染的主要来源，在部分地区甚至出现了生活污染排放量高于工业污染排放量的情况。这验证了指标选取中考虑生活污染的重要性，若不考虑生活污染而仅考虑工业污染，其测算所得的环境污染综合指数必然与实际情况存在巨大的偏差。因此，包括生活污染计算所得的环境污染综合指数具有较强的科学性和准确性。

表 3.2　我国环境污染综合指数结果

地区	2005 年	2006 年	2007 年	2008 年	2009 年	2010 年	2011 年	2012 年	2013 年	2014 年	平均值
北京	0.002751	0.002748	0.002743	0.002737	0.002744	0.002744	0.002743	0.002740	0.002728	0.002138	0.002682
天津	0.002759	0.002750	0.002765	0.002759	0.002761	0.002766	0.002735	0.002789	0.002787	0.002182	0.002706
河北	0.003894	0.003897	0.003932	0.003928	0.003828	0.003967	0.004361	0.004446	0.004378	0.003410	0.004004
山西	0.003864	0.003837	0.003792	0.003710	0.003651	0.003663	0.003917	0.003935	0.003897	0.003003	0.003727
内蒙古	0.003605	0.003548	0.003555	0.003523	0.003500	0.003633	0.003705	0.003749	0.003685	0.002890	0.003539
辽宁	0.003616	0.003686	0.003729	0.003637	0.003684	0.003579	0.003710	0.004082	0.003685	0.002910	0.003632
吉林	0.002974	0.002986	0.002973	0.002960	0.002967	0.002950	0.003008	0.002960	0.002966	0.002292	0.002903
黑龙江	0.003069	0.003080	0.003078	0.003067	0.003056	0.003056	0.003144	0.003166	0.003159	0.002354	0.003023
上海	0.002947	0.002954	0.002956	0.002942	0.002927	0.002929	0.002887	0.002886	0.002879	0.002269	0.002858
江苏	0.003666	0.003647	0.003615	0.003555	0.003542	0.003570	0.003640	0.003692	0.003700	0.002968	0.003560
浙江	0.003229	0.003244	0.003231	0.003224	0.003225	0.003228	0.003249	0.003241	0.003245	0.002571	0.003169
安徽	0.003152	0.003162	0.003148	0.003183	0.003191	0.003182	0.003226	0.003308	0.003289	0.002577	0.003142
福建	0.002997	0.003011	0.003014	0.003027	0.003033	0.003048	0.003046	0.003064	0.003072	0.002385	0.002970
江西	0.003116	0.003129	0.003121	0.003103	0.003099	0.003100	0.003156	0.003177	0.003171	0.002476	0.003065
山东	0.003858	0.003870	0.003816	0.003810	0.003794	0.003813	0.004065	0.004053	0.003995	0.003217	0.003829
河南	0.003863	0.003811	0.003749	0.003668	0.003653	0.003647	0.003677	0.003747	0.003735	0.002958	0.003651
湖北	0.003217	0.003230	0.003195	0.003165	0.003157	0.003156	0.003195	0.003232	0.003217	0.002530	0.003129
湖南	0.003467	0.003447	0.003411	0.003352	0.003352	0.003303	0.003222	0.003216	0.003214	0.002522	0.003251

续表

地区	2005 年	2006 年	2007 年	2008 年	2009 年	2010 年	2011 年	2012 年	2013 年	2014 年	平均值
广东	0.003571	0.003565	0.003559	0.003562	0.003528	0.003561	0.003512	0.003566	0.003548	0.002878	0.003485
广西	0.003473	0.003391	0.003368	0.003369	0.003357	0.003332	0.003101	0.003202	0.003164	0.002464	0.003222
海南	0.002621	0.002623	0.002623	0.002624	0.002625	0.002626	0.002629	0.002632	0.002634	0.002073	0.002571
重庆	0.003085	0.003091	0.003083	0.003068	0.003047	0.003060	0.002982	0.002964	0.002962	0.002329	0.002967
四川	0.003589	0.003521	0.003434	0.003435	0.003347	0.003399	0.003365	0.003348	0.003345	0.002674	0.003346
贵州	0.003281	0.003278	0.003285	0.003257	0.003262	0.003205	0.003196	0.003186	0.003196	0.002566	0.003171
云南	0.002979	0.003002	0.003011	0.003012	0.003007	0.003008	0.003234	0.003258	0.003240	0.002527	0.003028
陕西	0.003214	0.003213	0.003201	0.003163	0.003109	0.003124	0.003223	0.003216	0.003228	0.002505	0.003120
甘肃	0.002928	0.002928	0.002899	0.002899	0.002906	0.002935	0.002984	0.003000	0.003002	0.002357	0.002884
青海	0.002701	0.002703	0.002708	0.002713	0.002716	0.002733	0.002840	0.002856	0.002865	0.002237	0.002707
宁夏	0.002796	0.002807	0.002805	0.002793	0.002784	0.002826	0.002926	0.002880	0.002884	0.002235	0.002774
新疆	0.002951	0.003003	0.002998	0.003015	0.003030	0.003054	0.003140	0.003249	0.003317	0.002513	0.003027

注: 由于台湾、西藏等地区的资料不全, 此章不涉及这些地区。

3.4　环境污染空间关系分析

3.4.1　空间自相关 Moran 指数及其散点图分析

基于邻接关系的空间权重矩阵，采用 Geoda 空间软件，可计算出 2005～2014
年研究所涉及的我国 30 个省、区、市环境污染全局 Moran 指数及其检验值，如
表 3.3 所示。由表 3.3 可知，环境污染全局 Moran 指数均为正值且均通过了 5% 的
显著水平检验，表明研究所涉及的我国 30 个省、区、市的环境污染存在显著的
空间正自相关性，省域环境污染在空间上表现为一定的污染集群现象。这为前面
的分析提供了完整的理论基础，也说明若不考虑环境污染的空间性而直接分析环
境污染的影响因素，其最终的结果会存在较大的偏差。

表 3.3　2005～2014 年中国省域环境污染全局 Moran 指数及检验

年份	Moran 指数	P 值	年份	Moran 指数	P 值
2005	0.2488	0.013	2010	0.2298	0.017
2006	0.2570	0.012	2011	0.2385	0.017
2007	0.2645	0.015	2012	0.2393	0.016
2008	0.2496	0.016	2013	0.2057	0.021
2009	0.2643	0.014	2014	0.2031	0.028

进而，利用 Moran 散点图可将省域环境污染集群的空间关联模式划分为四个
象限，第一象限(HH)表示高污染省域被同是高污染的其他省域所包围；第二象
限(LH)表示低污染省域被其他高污染省域所包围；第三象限(LL)表示低污染省
域被同是低污染的其他省域所包围；第四象限(HL)表示高污染省域被低污染的
其他省域所包围。在第一、三象限的散点意味着正的空间自相关性，在第二、四
象限的散点意味着负的空间自相关性。限于篇幅，此处仅显示 2008 年与 2012 年
研究涉及的我国 30 个省(区、市)环境污染 Moran 指数散点图，如图 3.1 和图 3.2
所示。由图 3.1、图 3.2 可知，虽然散点随着时间的变化而发生变动，但总体来
说，大部分省、区、市都处于坐标轴的第一和第三象限内。其中，在 2008 年和
2012 年的 Moran 指数散点图中，位于第一和第三象限的省、区、市总量占样本
总数的比例分别为 50% 和 53.3%。进一步分析发现，从 2008 年到 2012 年，我国
有 22 个省、区、市的环境污染呈现出空间上的稳定性，占样本总数的 74.19%，
这进一步验证了我国环境污染存在着显著的空间正相关性和空间稳定性。

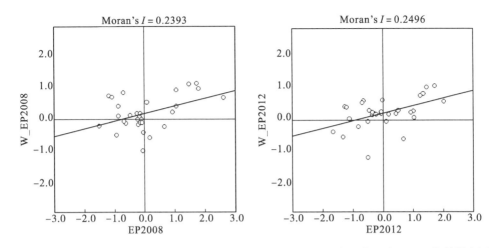

图 3.1　2008 年环境污染 Moran 指数散点图　图 3.2　2012 年环境污染 Moran 指数散点图

3.4.2　局域空间关联指标 LISA 集聚图分析

由于 Moran 指数只是从整体上分析了环境污染的集群情况，却无法进一步表明地区高值或低值的集聚趋势，因此，需利用 LISA 集聚图对环境污染的集聚情况进行分析，可得 2008 年和 2012 年的环境污染 LISA 集聚图(此图略)。通过分析集聚图可以得出结论，环境污染在区域间存在显著的空间集聚，这与刘飞宇和赵爱清(2016)的研究结果一致。其中以河北、山东、北京、天津、辽宁 5 省组成的环渤海湾高污染集聚区中，除辽宁外其他省份即使随着时间的推移，其高污染的本质依旧未发生改变，出现集聚现象的原因可能有以下三点：第一，区域内人口压力较大。孙克等(2017)研究发现，人口的增长将加剧环境污染，且人口压力越大，环境污染将会越严重。随着人口压力的增加，为满足日常生活和工业发展的需要，会产生大量的生活垃圾和工业垃圾等固体废弃物，若不加以处理或在处理过程中会产生大量的环境污染。第二，第二产业产值所占 GDP 比重较大。近年来，该区域内的各省域的第二产业占 GDP 的比值一直居高不下，截至 2014 年，依旧维持在 48.4%以上，然而在生产技术与效率水平有限的情况下，根据屈小娥(2012)、刘晓红和江可申(2017)及本章下面的研究结果显示，生产总值中第二产业比重越大，其所带来的环境污染也就越大。第三，对外开放程度的提升，加剧了区域环境的污染。近年来，各省域的进出口贸易结构中，一直以出口为主，但因企业技术及自主研发能力不足，所提供的出口产品层次较低，附加值也不高，大量初级产品的出口带来了能源利用效率的低下，对环境质量产生副作用。近些年，虽然四川省的环境污染综合指数呈现出显著的下降趋势，但与周边的其他省份相比，依然属于高污染区域，由于四川盆地的影响，污染物不易扩散至其他省域，故呈现出 HL 的结果。再如，安徽省从 2008 年的低—高状态过渡到 2012 年的无显著影响状态。这种情况的出现说明虽然我国环境保护工作在部分地区起到了积极作用，但部分地区因地形、产业结构、科技水平等因素的影响，环境总体形势依旧不容乐观。这种情况的出现说明了我国的环境保护政策在部分地区起到了一定的积极作用，在另一部分地区却未能起到很好的效用，我国环境总体的形势依旧不容乐观。

3.5　环境污染影响因素的空间计量分析

在基于空间计量方法分析环境污染影响因素之前，应先确定是采用随机效应模型还是固定效应模型，因此，需对全样本及东、中、西部三区域分别进行Hausman 检验。从计算出的检验结果来看，全样本统计量为 8.778，$\text{Prob} > \text{chi}^2 = 0.2689$，故拒绝原假设，因此，应采取固定效应模型；东部地区的样本统计量为 $19.432, \text{Prob} > \text{chi}^2 = 0.0069$，故拒绝原假设，因此，应采取固定效应模型；中部地区的样本统计量为 $122.629, \text{Prob} > \text{chi}^2 = 0.0000$，故拒绝原假设，因此，应采取固定效应模型；西部地区的样本统计量为 26.069，$\text{Prob} > \text{chi}^2 = 0.0005$，故拒绝原假设，因此，应采取固定效应模型。根据MATLAB 空间计量工具箱，可得到全样本下基于固定效应模型的 SLM、SEM 拟合结果，如表 3.4 所示。而在基于固定效应模型下，东部、中部、西部的 SLM、SEM 拟合结果则如表 3.5 和表 3.6 所示。

表 3.4　环境污染影响因素的空间计量检验结果

变量	SLM	SEM
GDP	0.000016 (0.456240)	0.000025 (0.645954)
PP	0.000282*** (5.572451)	0.000305*** (5.885630)
EA	0.000037*** (2.794614)	0.000032** (2.418273)
SS	−0.00001 (−0.418333)	−0.000001 (−0.437071)
IS	−0.000004** (−2.170532)	−0.000003* (−1.807476)
OPEN	−0.00002 (−0.002116)	−0.000012 (−0.261858)
TD	−0.0001*** (−3.992505)	−0.000088*** (−3.472392)
ρ	0.278996*** (4.258040)	0.264309*** (3.548365)
R^2	0.9569	0.9563
$\text{Log}\,L$	2408.9618	2407.9367

注：***、**、*分别代表在 1%、5%、10%的水平下显著。

表 3.5　分地区环境污染影响因素的 SLM 估计结果

变量	东部				中部				西部			
	nonF	sF	tF	stF	nonF	sF	tF	stF	nonF	sF	tF	stF
GDP	-0.000151* (-1.867964)	0.000118 (1.313627)	0.000274* (1.748087)	-0.000265 (-1.560127)	-0.00024*** (-3.693646)	-0.000033 (-0.491308)	-0.000111 (-1.065823)	0.000014 (0.086321)	0.000277*** (3.925831)	-0.000002 (-0.061823)	0.000003 (0.037036)	-0.000389*** (-3.312453)
PP	0.000999*** (5.292376)	0.000349 (-1.371102)	0.000135 (1.124753)	-0.00000443* (-1.709179)	0.000316*** (5.953752)	-0.000540 (-1.126538)	0.000242*** (3.012010)	-0.000190 (-1.378630)	0.000201*** (3.478479)	0.001952*** (6.296505)	0.000187*** (3.095182)	0.001774*** (6.691812)
EA	0.000302*** (6.747391)	0.000051* (1.675267)	0.000220*** (4.132715)	0.000052* (1.725049)	0.000269*** (6.282889)	0.000112*** (4.071141)	0.000288*** (6.838767)	0.000107*** (3.919980)	-0.000152*** (-5.756839)	0.000027* (1.955393)	0.000038** (2.143301)	0.000008 (0.641549)
SS	0.000008*** (3.855523)	0.000002 (0.631879)	0.000011*** (5.302462)	0.000002 (0.850969)	0.000002* (1.651470)	0.000002 (1.257516)	0.000001 (0.833061)	-0.000002 (-1.101981)	0.000001 (0.883006)	-0.000001 (-0.413923)	-0.000002*** (-3.036950)	-0.000002 (-1.261811)
IS	0.000003 (0.858747)	-0.000009** (-2.166379)	-0.000006 (-1.307852)	-0.000007 (-1.549500)	0.000010*** (3.238558)	-0.000001 (-0.463749)	0.000011*** (3.538811)	-0.000003 (-0.998823)	0.000015*** (4.227098)	-0.000012*** (-3.940352)	-0.000005** (-2.061041)	-0.000011*** (-3.970459)
OPEN	-0.000062 (-1.2997671)	0.000058 (0.729243)	-0.000194*** (-2.668294)	-0.000062 (-0.694129)	-0.003199*** (-7.967904)	-0.000092 (-0.330520)	-0.002984*** (-6.153088)	-0.000483 (-1.389988)	-0.000415 (-1.373992)	-0.000508*** (2.753353)	-0.000701*** (-3.884317)	-0.000800*** (-4.706976)
TD	-0.000118*** (-2.997671)	-0.000091 (-1.559310)	-0.000186*** (-4.128885)	-0.000192*** (-2.710169)	-0.000378*** (-7.217871)	-0.000139*** (-2.863572)	-0.000339*** (-5.314289)	-0.000059 (-1.049387)	-0.000154*** (-3.429443)	-0.000094 (-1.323466)	0.000011 (0.409239)	-0.000059 (-0.899902)
P	0.036980 (0.672279)	0.251972*** (3.067643)	0.080976 (1.523238)	0.209986** (2.508033)	0.524951*** (9.018766)	0.325997*** (3.444751)	0.579988*** (9.819878)	0.100990 (0.900632)	-0.236068*** (-3.863828)	-0.236068* (-1.849261)	-0.236068*** (-2.860197)	-0.236068* (-1.927405)
R²	0.8626	0.9697	0.8795	0.9723	0.8110	0.9657	0.8368	0.9703	0.5135	0.9339	0.8656	0.9559
Log L	866.88243	955.97671	874.18652	961.58767	671.8320	752.38461	676.78328	760.65317	719.805	720.911	726.903	791.954

表 3.6　分地区环境污染影响因素的 SEM 估计结果

变量	东部				中部				西部			
	nonF	sF	tF	stF	nonF	sF	tF	stF	nonF	sF	tF	stF
GDP	-0.00174** (-2.244248)	0.000089 (1.001898)	0.000038 (0.351087)	-0.000308* (-1.813684)	-0.000218*** (-2.674751)	-0.000050 (-0.643071)	-0.000249* (-1.832163)	0.000057 (0.382780)	0.000183*** (3.751677)	0.000007 (0.172220)	-0.000041 (-0.681275)	-0.000392*** (-4.147606)
PP	0.000592*** (7.926193)	-0.000361 (-1.334890)	0.000495*** (5.656393)	-0.000483* (-1.795589)	0.000408*** (6.277539)	-0.000270 (-0.564349)	0.000349*** (3.493999)	-0.000085 (-0.17587)	0.000200*** (4.815580)	0.001927*** (6.22938)	0.000198*** (3.763815)	0.001362*** (6.070884)
EA	0.00097*** (3.080540)	0.000044 (1.436447)	0.000049 (1.426374)	0.000039 (1.327710)	0.000310*** (5.806549)	0.000102*** (3.924007)	0.000303*** (5.101956)	0.000106*** (4.186992)	-0.000084*** (-5.097760)	0.000016 (1.147809)	0.000065*** (4.104094)	0.000033*** (2.768028)
SS	0.000001 (1.089339)	0.000001 (0.423524)	0.000005*** (3.115737)	0.000002 (0.634172)	0.000006*** (4.345478)	0.000001 (0.614119)	0.000003 (1.619657)	-0.000002 (-1.248928)	0.000001 (1.200978)	-0.000001 (-0.778250)	-0.000002* (-2.183229)	-0.000000 (-0.367099)
IS	-0.000006** (-2.028796)	-0.00007* (-1.719085)	-0.000008*** (-2.745063)	-0.000005 (-1.137962)	0.000019*** (4.956142)	0.000000 (0.125832)	0.000026*** (6.823575)	-0.000003 (-0.950874)	0.000009*** (3.510742)	-0.000012*** (-4.002391)	-0.000006*** (-2.623392)	-0.000012*** (-4.53804)
OPEN	0.000178*** (4.11550)	0.000010 (0.124907)	0.000096* (1.851515)	-0.000109 (-1.251708)	-0.003089*** (-6.133693)	-0.000103 (-0.353678)	-0.004162*** (-6.836534)	-0.000358 (-1.107620)	-0.000329 (-1.357767)	-0.000551*** (-2.971299)	-0.000486*** (-3.069224)	-0.000624*** (-3.991346)
TD	-0.000178*** (-6.115861)	-0.000060 (-1.001530)	-0.000209*** (-6.725199)	-0.000172** (-2.445062)	-0.000408*** (-6.221095)	-0.000117** (-2.199949)	-0.000345*** (-4.108916)	-0.000049 (-0.892771)	-0.000104** (-2.989982)	-0.000091 (-1.280587)	0.000005 (0.177670)	0.000010 (0.138920)
ρ	0.743975*** (18.040106)	0.248975*** (2.942723)	0.728985*** (16.980854)	0.201966** (2.326643)	0.003964 (0.033078)	0.351971*** (3.640188)	-0.473979*** (-3.935585)	0.184996* (1.679196)	-0.188938 (-1.342786)	0.080996 (0.619756)	-0.876971*** (-7.320673)	-0.828998*** (-6.716433)
R²	0.6691	0.9650	0.7251	0.9698	0.7028	0.9590	0.7100	0.9697	0.6845	0.9332	0.8246	0.9448
Log L	882.2725	954.19512	886.42546	960.71661	657.22335	751.34036	664.09612	760.9554	742.73523	819.61124	789.03157	843.01444

从表 3.5 可以看出，东部地区 sF 模型和 stF 模型中的空间参数 ρ 值均显著为正；中部地区 sF 模型和 tF 模型中的 ρ 值均在 1%的水平下显著；而在西部地区 sF 模型、tF 模型和 stF 模型中的 ρ 值则显著为负。从表 3.6 可以看出，东部地区 sF 模型、tF 模型和 stF 模型中的 ρ 值均为正；而中部地区 sF 模型和 tF 模型中 ρ 值均在 1%水平下显著，但在 sF 模型中系数为正，在 tF 模型中系数为负；西部地区 sF 模型、tF 模型和 stF 模型中的 ρ 值则均显著为负。这种现象充分说明了各个省域环境质量存在着显著的趋同效应，且各省域环境污染之间存在显著的空间依赖性，意味着一个地区的环境污染对其他地区的影响更多地体现在一个地区整体的结构性误差冲击中。

3.5.1 产出水平因素分析

由表 3.4 可知，在空间误差模型 SEM 和空间滞后模型 SLM 中，产出水平 (GDP)对全国环境污染的影响都不具有显著性，但是正的系数则说明了产出水平对环境污染存在着正的相关性。由表 3.5 可知，产出水平对中部地区的环境污染冲击最小。在 tF 模型中，中东部地区的产出水平在 10%的水平下显著，且系数为正，这表明随着产出水平的提高环境污染会越来越严重；而在 stF 模型中，西部地区的产出水平在 1%的水平下显著，且系数为负，这意味着产出水平的提高会带来环境污染水平的下降。造成以上结果的原因可能是由于东、中、西部的经济发展水平不同，因为东部地区经济相对较为发达，往往通过提高生产效率的方式来增加产出水平，而西部地区经济发展相对落后，仍然停留在通过提高资源投入等粗放式的方式来提高产出水平的阶段。而由表 3.6 可知，在东部地区的 stF 模型中，产出水平在 10%的水平下显著，且系数为负，这表明东部地区的产出水平和环境污染之间存在负相关关系，即产出水平越低，环境污染越严重；在中部地区的 tF 模型中，产出水平在 10%的水平下显著，且系数为负，这意味着中部地区的产出水平和环境污染之间存在负相关；而在西部地区的 stF 模型中，产出水平在 1%的水平下显著，且系数为负，这同样说明了产出水平在西部地区和环境污染之间存在着负相关关系。通过以上分析发现，东、中、西部产出水平的发展会对环境污染有一定的促进作用，即随着产出水平的增加，环境污染水平相应下降。造成这种现象的原因可能是因为随着工业水平的发展和人们生活水平的提高，各省都非常重视生态环境的保护，越来越多地采用新技术、新工艺，使得污染随之变小。

3.5.2 人口压力因素分析

在表 3.4 的 SLM 和 SEM 估计中，人口压力(PP)均在 10%的水平下是显著的，且具有正相关性，这充分说明了人口压力越大，对环境造成的污染也就更为严重。从表 3.5 的 SLM 估计结果来看，在 stF 模型估计中，东部地区人口压力在 10%的水平下是显著的，且系数为负，即东部地区的人口压力和环境污染存在着负相关性，随着人口压力的增加，环境污染水平反而会下降。这种经济现象可能是因为随着生产力的提高，人们改造自然、利用自然的水平就会提高，从而造成人口压力的增加，而环境污染水平反而呈现下降趋势。在 tF 模型中，中部和西部地区人口压力均在 1%的水平下显著，且系数为负，这可能是因为中部和西部地区生产力的发展还不够充分，改造自然和利用自然的水平相对较低，随着人口压力增加，会促使环境污染的程度更加严重。从表 3.6 的 SEM 估计结果来看，在 tF 模型中，东部、中部和西部地区的人口压力均在 1%的水平下显著，且系数均为正。人口压力与环境污染之间存在着正相关关系，即人口压力越大，环境污染越严重。随着人口压力的增加，为满足日常生活和工业发展的需要，会产生大量的生活垃圾和工业垃圾等固体废弃物，若不加以处理或处置不当就会产生环境污染。

3.5.3 环保意识因素分析

在表 3.4 的 SLM 估计中，环保意识(EA)在 1%的水平下显著，而在 SEM 的估计中环保意识则是在 5%的水平下显著。两个模型中的环保意识对环境污染的影响都是显著的，且环保意识与环境污染均存在着正相关性，即环保意识越强，环境污染越严重，但这显然与现实情况不相符合。通过分析发现，这可能是因为环境污染是在提高环境治理投资额之前就已经发生了，即环境污染治理投资的提高相对于环境污染具有一定的滞后性。从表 3.5 的 SLM 估计结果来看，在 tF 模型中，东部地区的环保意识在 1%水平下显著；而在 sF 模型和 stF 模型中，其环保意识均在 10%水平下显著，且系数均为正。在 sF、tF 和 stF 三个模型的估计中，中部地区的环保意识均在 1%的水平下显著，系数也均为正。在 tF 模型中，西部地区的环保意识是在 5%的水平下显著，而在 sF 模型中，西部地区的环保意识是在 10%水平下显著，且系数也均为正。通过 SLM 的估计可发现，环保意识对环境污染的影响是正向的，即环保意识的增强有利于环境污染水平的降低，但具有一定的滞后性。从表 3.6 的 SEM 估计结果来看，环保意识在东部地区对环境污染的冲击是不明显的，而在中部和西部则非常明显，即 stF 模型和 tF 模型中环保意识均在 1%的水平下显著，且系数均为正。这可能是东部与中、西部地区在经济发展水平、环境污染水平及环境治理投资等方面存在着较大差异的原因，东部地区由于经济水平相对较为发达，环境污染水平明显好于中、西部地区，而且政府一直比较重视环境治理的投资，因此，环境污染治理投资额的增加对环境污染的滞后影响并不明显。对于中、西部环境污染而言，环境污染治理投资的增加则具有明显的滞后性。

3.5.4　制度结构因素分析

由表 3.4 可知，制度结构(SS)因素在 SLM 和 SEM 两个模型中都不显著，表明制度结构因素并不是造成环境污染的主要影响因素，但相关系数为负，说明环境污染与制度结果之间存在负相关性，国有资产占工业资产的比重越高，则环境污染的程度就越低。从表 3.5 的 SLM 模型估计结果来看，在 tF 模型中，东部地区的制度结构在 1%的水平下显著，且系数为正，说明工业资产中国有资产所占的比重越高，则环境污染的程度则高；在中部地区，工业资产中国有资产的占比对环境污染的影响不具有显著性，但系数为正，说明制度结构对环境污染有一定的正向影响，即工业资产中国有资产所占的比重越高，则环境污染的程度则高；在西部地区，tF 模型中制度结构同样在 1%的水平下显著，然而系数却为负，意味着西部地区制度结构与环境污染之间是负相关的，即工业资产中国有资产占的比重越大，环境污染程度越低。造成这种空间差异的原因可能是因为西部地区的民营资产的生产效率低下，而国有资产的生产效率较高，从而国有资产在总资产中的比重提高对环境污染的改善产生正的影响。在 SEM 对制度结构的估计中，检验结果与 SLM 的估计类似，主要差别是在西部地区。SLM 中 tF 模型的制度结构在 5%的水平下显著，而 SEM 中 tF 模型的制度结构在 10%的水平下显著。造成检验结果与 SLM 的估计类似的原因可能是西部地区民营资产的生产效率低下。

3.5.5　产业结构因素分析

由表 3.4 可知，在 SLM 的估计中，产业结构(IS)因素在 5%的水平下显著，而在 SEM 的估计中，产业结构因素则在 10%的水平下显著，且在两个模型中的系数均为负数，说明产业结构因素和环境污染之间存在负相关关系，即生产总值中第二产业的比重越高，环境污染程度越低。从表 3.5 的 SLM 估计来看，在 sF 模型中，东部地区的产业结构在 5%的水平下显著，且系数为负，说明了产业结构与环境污染之间存在负相关关系，即生产总值中第二产业的比重越高，环境污染程度则越低；在 tF 模型中，中部地区的产业结构在 1%的水平下显著，但系数为正，即产业结构与环境污染之间存在正相关关系，生产总值中第二产业的比重越高，环境污染程度也越高；在 sF 模型和 stF 模型中，西部地区产业结构都在 1%的水平下显著，而在 tF 模型中，产业结构在 5%的水平下显著，且在三个模型中其系数均为负，即西部地区产业结构与环境污染之间是负相关关系，生产总值中第二产业的比重越高，环境污染程度反而越低。造成以上这种东、中、西部不平衡的原因可能是因为东部地区第二产业生产效率较高，造成了该地区的环境污染反而下降了。而中部地区的第二产业正处于发展阶段，生产效率相对较低，因此第二产业在生产总值中的比重提高时就会加重环境污染的程度。西部地区则可能是由于人口压力向东中部转移，造成本地区人口压力变小，第二产业的发展对环境造成的污染不如人口压力减小对改善环境污染的影响大。从表 3.6 的 SEM 估计来看，在东部地区 tF 模型中，产业结构因素在 1%的水平下显著，系数为负；在中部地区 tF 模型中，产业结构因素在 1%的水平下显著，系数为正；在西部地区 tF 模型中，产业结构因素在 5%的水平下显著，系数为负。可以看出 SEM 和 SLM 的估计结果相似。

3.5.6 开放程度因素分析

由表 3.4 可知，SLM 和 SEM 估计中，开放程度(OPEN)因素对环境污染的影响都不具有显著性。然而在两个模型中的系数都为负数，说明了开放程度和环境污染存在一定的负相关性，即进出口额占 GDP 的比重越大，环境污染的程度也越低。从表 3.5 的 SLM 估计结果来看，在 tF 模型中，东、中、西部三个地区的开放程度都在 1%的水平下显著，且系数均为负，即开放程度对环境污染的冲击很大，开放程度越高，说明所在地区环境污染程度越低。从表 3.6 的 SEM 估计结果来看，在 tF 模型中，东部地区开放程度在 10%的水平下显著，系数为正，即随着开放程度的加深，环境污染反而更加严重；中部地区的开放程度在 1%的水平下显著，系数为负，即开放水平与环境污染之间的关系是负相关，开放水平提高时环境污染会得到一定的遏制；在西部地区中，开放程度在 sF、tF、stF 三个模型中均在 1%的水平下显著，且其系数均为负。由于西部地区和中部地区经济社会发展水平差异的原因，随着开放程度的提高，本地区的生产效率会得到提高，从而使得环境污染水平得到优化。而东部地区由于开放时间较早，开放水平也完全优于中西部地区，导致大量人口进入东部地区，使得本地区的环境污染水平反而呈现下降趋势。

3.5.7 科技水平因素分析

由表 3.4 可知，SLM 和 SEM 的估计中，科技水平(TD)因素都在 1%的水平下具有显著性，且系数均为负数，表明科技水平对环境污染的影响非常大，即研发投入占 GDP 的比重越大，环境污染的程度相应会变低。从表 3.5 的 SLM 估计结果可以看出，科技水平对东部和中部地区的环境污染水平的影响较为明显，而对西部地区环境污染水平的影响则相对较小。在 tF 模型和 stF 模型中，东部地区的科技水平都在 1%的水平下显著，且其系数均为负，表明东部地区的科技水平与环境污染之间存在着负相关关系，科技水平的提高会对环境污染水平的改善产生积极影响；而在 tF 模型和 sF 模型中，中部地区的科技水平都在 1%的水平下显著，系数为负。与东部地区类似，中部地区科技水平的提高会减轻环境污染的程度。而科技水平对西部地区环境污染影响则较小。从表 3.6 的 SEM 可知，在 tF 模型中，东、中部地区的科技水平在 1%的水平下显著，且系数为负；西部地区的科技水平对环境污染的影响则具有不确定性，但总体科技水平的发展对环境污染的影响不大。这与表 3.5 的 SLM 的估计结果相似，即科技水平对东、中部环境污染水平的影响较为明显，而对西部地区环境污染水平的影响则较小。究其原因可能是因为中、东部经济发达区的科技创新推动了产业集聚程度的进一步提高，跨越了降低环境污染的集聚水平门槛值，因此，科技创新对环境污染有明显的抑制作用。而西部地区的产业集聚水平普遍偏低，即使提高了科技创新能力，但还不足以跨过改善环境的产业集聚门槛值，因此，科技水平的提高对环境污染改善起不到较为明显的作用。

3.6　本　章　小　结

研究结果如下：第一，研究所涉及的我国 31 个省区总体环境污染水平及变化趋势在空间上具有不平衡性，但各省域的工业污染排放已呈现出较为稳定的状态，居民生活所带来的污染已越来越成为区域污染的主要污染来源，在部分地区甚至出现了生活污染排放量高于工业污染排放量的情况。第二，各省域的环境污染具有较强的区位差异性，存在着显著的空间相关性和空间聚集性，在空间邻避与空间溢出效应的作用下，区域内各省之间的环境污染高度牵制，增加了区域环境污染治理压力。第三，由于我国东、中、西部的经济水平发展不平衡，各因素对不同地区环境污染的影响程度也是不尽相同的；环保意识对各地区环境污染的影响很大，即环保意识的增强有利于环境污染水平的降低，但具有一定的滞后性；开放程度越高的地区，环境污染水平则越低；科技水平对环境的污染在东、中、西部也呈现出较强的一致性，科技水平的提高可促使环境质量的改善。

因此，在促进经济发展的同时，又不以牺牲生态环境为代价，政策措施的选择和配合就显得尤为重要，但在政策选择与制定方面一定要充分考虑地区差异性，不能一概而论。第一，强化区域环境治理合作。政府应强化环境领域的协调与合作，发挥区域联动作用，共同推进环境污染的治理工作。第二，要注意人口空间的适度集聚，以避免人口压力过大而带来的一系列环境污染问题。第三，提高环保意识，扩大环境治理投资规模。应通过环保优先意识、教育意识、宣传意识、参与意识、日常行为意识培育等途径提高公众的环境保护意识，同时继续扩大环境治理投资额度。第四，进一步深化对外开放程度，提升出口产品的层次和附加值。特别是西部地区，应实施更加主动的开放战略，完善对外开放体制机制，增强外资及先进技术的引进力度，不断提升出口产品的技术含量，提升经济开放水平及质量。第五，鼓励产业科技创新。在产业集群水平较高的东部与中部地区，在鼓励产业科技创新的同时，应积极优化产业集聚方向，引导产业向高附加值方向集聚；而产业集聚水平较低的西部地区在鼓励产业科技创新进行产业集聚的同时，应积极引导具有环保技术优势的外资企业向清洁产业转移。

第 4 章　区域生态环境质量评价
及影响因素分析

4.1　引　　言

　　四川作为西部最大的生产要素、商品市场和西南地区重要的物资集散地，在国家西部大开发战略中，占据着非常重要的战略地位。它不仅仅是西部大开发和内陆开发的"桥头堡"，也是西部地区经济增长的重要"火车头"。自 1999 年以来，四川一直保持较高的增长速度，经济总量持续增长，排名位于全国前列。随着四川省经济的高速发展和资源的过度消耗，经济社会发展与环境之间的矛盾也越来越突出，相应地出现了一系列的生态环境问题，如水土流失、耕地土壤退化、雾霾天气等，都已成为四川省经济社会可持续发展的重大挑战。

　　一直以来，各级政府都十分重视生态环境质量的改善与环境污染的治理，地区的生态环境建设取得了巨大成绩，生态环境总体也有所改善，但由于各(市、州)规模的不断扩张，生态环境不断恶化的趋势依然没有发生根本性的改变，环境质量依然不能令人满意。根据四川省 2017 年 7 月的监测统计数据显示，各市(州)的城市空气质量总体优良天数比例达到 80.2%，总体污染天数比例为 19.8%，而重度污染天数比例则达到 0.3%，中度污染天数比例达到 1.8%，轻度污染比例达到 17.7%。而成都市在 7 月份的达标天数比例为全省最低，仅为 38.7%，同比下降了 5 个百分点，环比下降了 14.1 个百分点，城市空气质量全省垫底。

　　四川作为西部大开发战略中的先锋，城市的国际化和经济发展的高端形态是其必然路径，然而，环境污染却成了高端人才引进、国家组织和跨国企业引进一道不可逾越的鸿沟，同时也给人民身心健康、经济可持续发展带来副作用。尽管各级政府多次强调保护环境的重要性并相继出台多项保护环境的政策与措施，但从这些政策的调整范围、手段、内容和实际取得的成效来看，还不能完全抑制四川省生态环境不断恶化的趋势。作为长江上游的生态屏障，生态环境的保护是四川省的重要历史使命，关系到西部地区乃至国家经济社会的可持续发展。因此，在充分汲取国内外现有研究成果的基础上，以四川省作为区域环境质量研究对象，遵循科学性、可度量性及可操作性的原则，建立科学合理的区域环境质量综合评价指标体系，测算区域环境污染综合指数值，同时借鉴空间面板模型实证分析区域环境污染的空间集群状况和影响因素，以此提出合理的政策建议。

4.2　区域生态环境质量评价

4.2.1　区域环境质量评价指标选取

环境质量是环境污染的最终表现形式，一般是指某一区域排放的污染物经过人为治理、自然净化或吸收后的环境状况。而环境污染则是指各种有害污染物的初始排放状况。大部分学者往往将环境质量和环境污染混为一谈，但实际上，环境质量与环境污染在内涵上是存在一定差别的。因此，在环境质量评价过程中，应将两者加以区分，若忽略环境自净能力的存在，其分析结果也必然无法准确反映区域环境质量的真实状况。本章将区域生态环境质量划分为环境污染与环境自净两个维度。同时，大部分学者往往将污染物总量或人均污染量作为环境污染指标进行评价分析，本章认为环境质量是一种客观存在，不应随着人口的增加或地区面积的不同而发生改变，如北京与青海、宁夏在污染物排放总量上大体接近，但这并不意味着北京的环境质量就与青海、宁夏相近。因此，相比污染物总量或人均污染量，选择单位面积排放指标更为科学合理。最后，考虑到污染排放物可能会经过无害化处理，也有可能会通过自然环境等途径得到自然净化，因此，有必要将环境自净指标分为环境自净与人为净化两种。基于已有相关研究文献，同时考虑到数据的可获得性，选择以下指标作为环境质量评价指标，如表 4.1 所示。

表 4.1　区域环境质量评价指标

		指标	单位
区域环境质量	环境污染指标	单位面积污水排放总量	t/km^2
		单位面积废气排放总量	t/km^2
		单位面积二氧化硫排放总量	$10^4 m^3/km^2$
		单位面积固体废弃物排放总量	t/km^2
		单位面积烟(粉)尘排放总量	t/km^2
	环境自净指标	单位面积水资源总量	$10^8 m^3/km^2$
		森林覆盖率	%
		单位面积废水治理设施数	套/km^2
		单位面积废气治理设施数	套/km^2
		单位面积环境污染投资额	万元/km^2
		生活垃圾无害化处理能力	%

4.2.2　区域环境质量评价分析

借助前述许和连等采用的熵权法，测算 2005～2014 年的区域环境污染综合指数值和环境自净综合指数值。环境污染综合指数值越大，意味着环境污染程度越严重；环境自净综合指数值越大，表明环境的自我净化能力越强。同时，为了避免人为主观随意性造成环境污染综合指数计算的偏误，在评价过程中利用客观赋权法确定各个指标权重，最大限度地反映区域生态环境实际质量情况。通过对已有数据的分析处理，2005～2014 年区域环境质量评价指数如表 4.2 所示。

表 4.2　2005～2014 年区域环境质量评价指数

年份	污染指数	净化指数	年份	污染指数	净化指数
2005	0.100302	0.085493	2010	0.095522	0.102330
2006	0.096614	0.077312	2011	0.103541	0.105107
2007	0.103133	0.090992	2012	0.100403	0.112596
2008	0.091249	0.093332	2013	0.103366	0.114105
2009	0.089046	0.098128	2014	0.112823	0.120639

注：数据来源于《中国统计年鉴》《中国环境统计年鉴》《四川统计年鉴》及四川省各(市、州)的统计年鉴。

从表 4.2 可以看出，2005～2014 年的区域环境污染总体情况呈现出"U"型的发展态势。自 2005 年开始，区域环境污染总体形势在逐年缓解，到 2009 年达到峰底，自此之后，区域环境污染形势则逐年加剧，这说明了环境污染的形势依然严峻且不容乐观。表 4.2 中环境净化指数表明，2005～2014 年的区域环境净化能力在逐年地提升。从环境自净与人为净化指数来看，环境自净能力并未得到显著的提升，这符合自然生态发展规律，而相对的人为净化处理能力则显著提升。总之，区域内各级政府越来越重视生态环境的保护，不断加大了环境治理的力度，虽然在一定程度上缓冲了环境污染水平的提升，但却未能抑制环境污染形势的加剧。因此，区域生态环境不断恶化的趋势依然没有得到根本性的转变，这已成为区域经济社会可持续发展的重要制约因素。为此，应进一步探究区域环境质量的影响因素。

4.3　区域环境污染综合指数与空间性相关性分析

4.3.1　区域内各地区环境污染综合指数分析

由于阿坝州、甘孜州、凉山州无相关统计数据，仅选取其他 18 个市 2005～2013 年的样本数据来计算区域环境污染综合指数。而且，由于所选取地区的统计资料也不齐全，此处以工业废水、工业废气和工业粉尘排放量作为环境污染物评价指标，同时利用外推法推算出部分地区某些年份缺失的数据。然后，依据熵权法计算出区域内各地区的环境污染综合指数，结果如表 4.3 所示。

表 4.3 四川省各市 2005～2013 年环境污染综合指数

	2005 年	2006 年	2007 年	2008 年	2009 年	2010 年	2011 年	2012 年	2013 年
绵阳市	0.143104	0.133809	0.153992	0.176292	0.169137	0.170593	0.167074	0.117860	0.108026
广元市	0.042104	0.046513	0.051440	0.053595	0.053821	0.057801	0.057619	0.051141	0.052448
巴中市	0.023079	0.019654	0.022634	0.031589	0.035173	0.028983	0.013912	0.012750	0.013182
达州市	0.031710	0.034937	0.046383	0.054234	0.045547	0.052143	0.096887	0.111368	0.123253
南充市	0.042101	0.046389	0.061619	0.072068	0.060500	0.069265	0.128726	0.127984	0.163776
德阳市	0.385580	0.357284	0.330246	0.291845	0.373950	0.363713	0.450267	0.437183	0.426175
遂宁市	0.176651	0.165740	0.173999	0.193845	0.198433	0.229787	0.118702	0.104110	0.099837
成都市	0.945286	0.702894	0.773771	0.643728	0.751271	0.420220	0.458682	0.434397	0.402589
雅安市	0.034527	0.034860	0.033531	0.040314	0.036112	0.040426	0.051346	0.043402	0.038960
广安市	0.145665	0.151460	0.157283	0.162935	0.174932	0.191978	0.217196	0.206138	0.260594
资阳市	0.130612	0.126789	0.134406	0.162126	0.139982	0.106074	0.091924	0.080777	0.089090
眉山市	0.482076	0.424399	0.524934	0.534232	0.205620	0.490091	0.467139	0.443277	0.470421
内江市	0.257352	0.260139	0.282654	0.280361	0.265996	0.300112	0.294830	0.270957	0.252604
自贡市	0.275473	0.239478	0.216866	0.221986	0.199754	0.238938	0.230208	0.214374	0.190250
乐山市	0.285939	0.284689	0.248297	0.234831	0.231638	0.254553	0.232190	0.180177	0.199405
宜宾市	0.199874	0.212417	0.220197	0.179505	0.249456	0.205305	0.152697	0.224950	0.221114
泸州市	0.291416	0.264868	0.293670	0.259497	0.197681	0.173380	0.153702	0.133220	0.121151
攀枝花市	0.165311	0.164596	0.208300	0.191867	0.198348	0.274965	0.283281	0.328845	0.330332

从表 4.3 中可以看出，区域内各地区环境污染情况与区域总体环境污染情况大体一致，都遵循"先缓解，后加剧"的"U"型趋势。其中，成都市的环境污染程度最为严重，环境污染综合指数最高达到 0.945286，最低值为 0.402589。其次为眉山市、德阳市。

4.3.2 区域环境污染的空间相关性分析

众所周知，变量数据一般要受到空间扩散和空间相互作用的影响，数据之间都是相互关联的，而不是相互独立的。地理学第一定律明确描绘了在空间上事物之间越相近，其属性越趋同，空间现象越相似。空间自相关，又称为空间依赖，是指处于同一分布区内的变量观测值在空间上的相互依赖关系。在空间计量经济学中，这种相关性可通过 Moran 指数与散点图来评判。表 4.2 和表 4.3 对区域和各地区的环境污染情况进行了描绘，为进一步分析各地区环境污染的空间性问题，此处可借助探索性空间数据分析方法中的 Moran 指数和散点图来讨论区域环境污染的空间集群现象，其定义方式见第 3 章式(3.8)，此处就不再赘述。同理，基于邻接关系的空间权重矩阵，采用 Geoda 空间软件可计算出 2005～2013 年区域环境污染全局及其检验值，结果如表 4.4 所示。

表 4.4　2005～2013 年区域环境污染和检验值

年份	Moran 指数	P 值	年份	Moran 指数	P 值
2005	0.1537	0.041	2010	0.1819	0.072
2006	0.1992	0.027	2011	0.1141	0.123
2007	0.1631	0.070	2012	0.0624	0.202
2008	0.1901	0.047	2013	0.0032	0.685
2009	0.0947	0.082			

从表 4.4 中可以看出，虽然区域环境污染全局在某些年份未通过 10%显著水平的假设检验，但总体上区域环境污染均表现出一定的空间正相关性，意味着环境污染在空间上具有一定的集群现象，这恰恰说明了若不考虑环境污染的空间性就直接进行分析，其最终的结果也必然会存在一定的误差。

然后，借助散点图可将区域环境污染集群的空间关联模式划分为四个象限，第一象限(HH)表示高污染地区被同是高污染的其他地区所包围；第二象限(LH)表示低污染地区被其他高污染地区所包围；第三象限(LL)表示低污染地区被同是低污染的其他地区所包围；第四象限(HL)表示高污染地区被低污染的其他地区所包围。在第一、三象限的散点意味着正的空间自相关性，在第二、四象限的散点意味着负的空间自相关性。

这里仅展示 2007 年与 2010 年区域环境污染的散点图，如图 4.1 和图 4.2 所示。

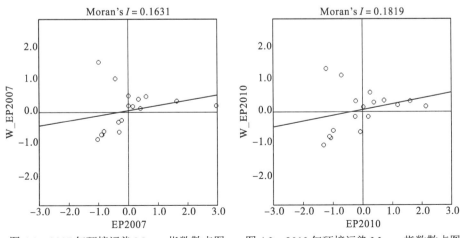

图 4.1　2007 年环境污染 Moran 指数散点图　　图 4.2　2010 年环境污染 Moran 指数散点图

由图 4.1 可知，在 2007 年，区域内共有 14 个地区表现为正向的空间相关关系，占样本总数的 77.78%，意味着区域环境污染呈现高水平区域集中与低水平区域聚集的特点。其中，有 8 个城市位于第一象限，如成都、德阳、宜宾等城市；6 个城市位于第三象限，如遂宁、绵阳、广安等城市。由图 4.2 可知，2010 年共有 13 个地区表现为正向的空间相关关系，占样本总数的 72.22%。其中，有成都、德阳、宜宾等 7 个城市位于第一象限；广元、绵阳、广安等 6 个城市位于第三象限。因此，通过散点图分析发现区域环境污染存在显著的空间依赖性与空间稳定性。

4.4 区域环境污染影响因素分析

4.4.1 变量选取与空间面板模型的设定

通过对已有相关文献的总结，同时考虑数据的可获得性，本章选取经济发展水平、产业结构、技术进步、人口压力、能源效率作为四川区域环境污染的主要影响因素，同时引入环保意识、能源价格作为控制变量，并对每一个影响因素选择相应的指标进行度量。其中，部分变量数据则以 2005 年为基期，采用历年 GDP 平减指数予以修正。将 7 个影响因素作为自变量，前面所得的环境污染综合指数作为因变量。变量的选择与衡量具体如表 4.5 所示。

表 4.5 变量的选择与衡量

变量	因素	指标说明	单位
P	环境污染综合指数	—	—
GDP	经济发展水平	地区生产总值	万元/人
IS	产业结构	地区生产总值中第二产业所占比重	百分比
TD	技术进步	地区资本劳动比	万元/人
PP	人口压力	地区单位面积人口量	万元/km²
EE	能源效率	地区能源消费强度倒数	万元/吨标准煤
EA	环保意识	四川省政府环境治理投资总额	亿元
EP	能源价格	四川省原材料、燃料动力购进价格指数	—

区域环境污染总体上也并不严格符合环境库兹涅茨曲线，因此，本章构建空间面板模型来研究我国环境污染的影响因素。而空间滞后模型(SLM)和空间误差模型(SEM)表达式见式(3.9)～式(3.13)。

4.4.2 实证结果及分析

1. SLM、SEM 估计结果

在基于空间计量方法分析区域环境污染影响因素之前，应确定是采用随机效应模型还是固定效应模型，因此，需对全样本进行 Hausman 检验。从计算出的检验结果来看，全样本统计量为 13.147，拒绝原假设，因此，应采取固定效应模型。借助 Matlab 空间计量工具箱可求得全样本下空间滞后模型、空间误差模型的拟合结果，如表 4.6 和表 4.7 所示。

表 4.6 空间滞后模型（SLM）估计结果

变量	nonF	sF	tF	stF
GDP	0.051366** (2.127240)	-0.0030369* (-1.889422)	0.054735** (2.336599)	-0.041360*** (-2.159762)
IS	0.2011099 (1.380845)	0.173480 (1.223061)	0.309008** (1.992088)	0.010632 (0.048420)
TD	-0.001684 (-0.399836)	0.012748*** (3.950740)	0.001882 (0.454240)	0.012355*** (3.234834)
PP	3.795354*** (9.418047)	-7.174415*** (-6.580972)	3.337248*** (8.405278)	-7.283217*** (-6.029065)
EE	-0.110940* (-1.386101)	-0.836618*** (-6.330169)	-0.045433 (-0.827107)	-0.867160*** (-6.181477)
EA	-0.024604 (-1.386101)	0.049117*** (2.078100)	-0.026154 (0.000000)	0.027459 (0.000000)
EP	0.000017 (0.976267)	-0.000029** (-2.489366)	0.026154 (0.000000)	0.001320 (0.000000)
ρ	0.150972* (1.792028)	-0.262974** (-2.489366)	-0.099979 (1.083872)	-0.281957*** (-2.642345)
R^2	0.4926	0.9231	0.5457	0.9260
$\text{Log } L$	121.97195	273.92723	129.77102	277.25375

表 4.7 空间误差模型（SEM）估计结果

变量	nonF	sF	tF	stF
GDP	0.050424** (2.072226)	-0.041116*** (-3.091080)	0.030459 (1.361507)	-0.058181*** (-3.789684)
IS	0.208363 (1.390563)	0.220645* (1.857922)	0.655750*** (4.903848)	0.059861 (0.306468)
TD	-0.001762 (-0.412077)	0.015236*** (5.413516)	0.003662 (0.931615)	0.017052*** (5.227512)
PP	3.841732*** (9.438341)	-6.663608*** (-6.798454)	3.285492*** (8.677219)	-7.065222*** (-6.666524)

变量	nonF	sF	tF	stF
EE	−0.099545 * (−1.853382)	−0.839937 *** (−6.837861)	0.082564 (1.591021)	−0.902683 *** (−7.019318)
EA	−0.020815 (−1.091070)	0.044674 *** (2.628376)	−2.472857 (−0.002089)	1.683458 (0.112175)
EP	0.000192 (0.894175)	−0.000025 *** (−6.427633)	6.758462 (0.180678)	2.264189 (0.199366)
λ	0.000192 (0.894175)	−0.413968 *** (−3.493990)	−0.322000 *** (−2.707487)	−0.554000 *** (−4.780469)
R^2	0.4771	0.9170	0.5282	0.9184
Log L	121.60873	275.1755	132.37174	280.31188

2. 实证结果分析

根据表 4.6 的 SLM 和表 4.7 的 SEM 估计结果可知，空间参数和为负值时在统计水平上都具有显著性。这种现象表明地理邻近性对区域内各地区的环境污染具有显著的负向影响。造成这一现状的原因可能有以下两个方面：第一，存在"污染天堂"现象。由于各地区不同的招商引资模式，产业发展导向和政策并不完全一致，导致部分地区限制的污染性企业迁移到邻近区域，如达州和攀枝花等地区。第二，由于各地区经济发展水平存在着不平衡现象，经济欠发达地区的资源会向成都、德阳等发达地区集中，最终会导致发达地区的环境污染远大于邻近地区。

接着考察经济发展水平、产业结构、技术进步、人口压力、能源价格等结构性误差冲击对环境污染的影响。

(1)经济发展水平(GDP)因素。经济发展水平对环境污染的影响方向不具备一致性，但其系数在 sF 模型、stF 模型下均显著为负值。这意味着经济发展水平的提升并未导致环境污染的加剧，反而在一定程度上缓解了区域环境污染恶化的趋势，改善了区域环境质量。造成这种现象的主要原因可能是由于大部分地区越来越注重环境保护，大力发展绿色低碳、低污染等清洁产业，使得污染得到了有效控制。

(2)产业结构(IS)因素。产业结构对环境污染的影响系数均为正值，且在 tF 模型下具有显著性。这说明产业结构对区域环境污染有着正向的影响，即随着第二产业比重的增加，环境污染程度将会进一步恶化。这也进一步表明了粗放式的工业发展、产业结构的不合理性导致了区域环境污染的加剧。近年来，区域人为净化能力虽然得到了显著的提升，但是在科技创新能力不高的情形下，第二产业高能耗所带来的环境污染水平远远超过人为净化能力，这同样会导致地区环境污染加剧。因此，区域产业结构调整势在必行。

(3) 技术进步 (TD) 因素。技术进步因素对环境污染的影响系数在 sF 模型、stF 模型下均为正值，且均通过 1% 的显著水平检验。这意味着各地区技术水平的提升会导致环境污染的加剧，造成这种现象的原因可能有三个方面：第一，能源使用存在着能源效率回弹效应，即技术的进步一般会提升工业能源使用效率，但同时也会增加能源使用量，造成环境污染物大量产生，这势必也会导致地区环境污染加剧；第二，人均资本存量的增加并没有导致区域清洁性生产技术水平的提高，这与环境污染治理投资不足，特别是治理技术研发投入有限不无关系；第三，由于区域产业集聚水平比较低，即使提高了科技创新能力，但还不足以跨过改善环境的产业集聚门槛值，因此，科技创新水平的提升反而导致了环境污染的加剧。

(4) 人口压力 (PP) 因素。人口压力因素对环境污染的影响并不具有一致性，但其系数在既有空间又有时间效应的模型中为负，且通过 1% 的显著水平检验，这表明在综合考虑空间与时间的情况下，人口的增加反而会改善环境质量。造成这一现象的主要原因可能是选取的数据主要是工业污染物，而忽略了居民生活污染数据，致使结果存在一定的误差；同时，居民生活习性使人们往往较多的集中于环境质量较高的地区，而人们一般都会反对环境污染密集型企业建立在人口密度较大的区域，导致重污染企业远离人口密集区。

(5) 能源效率 (EE) 因素。能源效率对环境污染的影响系数均显著为负，这意味着能源效率的提升会改善地区环境污染的状况。造成这一现象的原因是能源效率的提升来源于产业结构的优化调整，调整的方向主要偏向于高效率、低污染、低排放的产业，如高新技术产业、旅游产业等；同时，能源效率的提升也有可能是来自于企业生产方式的改变，由早期的粗放发展方式转变为集约发展方式，在一定程度上减少了环境污染物的排放，最终改善区域污染现状。

进一步分析环保意识、能源价格等控制变量对区域环境污染的影响。

(1) 环保意识 (EA) 因素。该因素的系数在 SF 模型中为正且在 5% 水平下显著，这表明随着环境治理投资的增加，环境污染程度不但没有降低，反而加剧了，这意味着环境污染治理效果并不明显。其原因可能有三个方面：第一，相对于各地区持续增加的工业产值而言，环境治理投资严重不足，而较少的环保资金投入是无法遏制环境污染加剧的；第二，环境质量改善是一个长期性工作，环境治理投入较长的回收期一般会导致部分投入资金需要较长时间才能发挥其功效，同时，一旦环境稍微有所好转，就会存在减少环保资金投入的现象；第三，环境治理投入主要是对企业污染排放物进行处理，而对企业采用清洁技术的激励作用则微乎其微，因此，这种情形反而会加剧环境的污染。

(2) 能源价格 (EP) 因素。该因素的系数在模型中为负且通过 5% 显著水平检验，这表明能源价格的提升会在一定程度上缓解地区环境污染，主要原因可能是能源价格的提升会促使企业采用更为高效的生产设备来提高能源利用效率；同时，通过技术进步的替代效应寻求更为清洁、无污染的新型能源，减少对现有能源的依赖，从而改善地区环境污染的现状。

4.5 本 章 小 结

本章基于环境污染指标和环境自净指标构建了区域环境质量评价指标体系，评价了 2005～2014 年区域生态环境质量状况，并借助熵权法测算了环境自净综合指数值、环境污染综合指数值，然后运用 Moran 指数和散点图分析了区域内各地区环境污染的空间分布格局和动态跃迁情况，最后运用空间面板模型实证研究了区域环境污染的影响因素。研究结论如下：①2005～2014 年的区域环境污染总体情况呈现出"U"型的发展态势，虽然政府越来越重视环境污染的治理，人为自净处理能力的提升大大提高了环境的自净综合能力，但却未能抑制住不断恶化的环境污染形势。②区域环境污染呈现出较强的空间相关性，在空间上存在着显著的集聚性和集群现象，地区的环境污染不仅仅受到自身排放的影响，还受到临近地区的影响。③区域环境污染还受到产业结构、能源效率、技术进步、环保意识、能源价格等因素的影响，技术进步、产业结构、环保意识对环境污染具有正向冲击，能源效率、能源价格对环境污染则具有反向冲击。

在促进经济发展的同时，又不以牺牲生态环境为代价，因此，政策措施的选择和配合就显得尤为重要。第一，进一步优化产业结构。明确区域产业结构调整的重点和战略方向，尽快制定出台一系列有利于产业结构优化的政策措施，推动传统优势产业转型升级，促进工业提质增效。第二，大力提升区域科技创新能力。鼓励产业科技创新，提升产业集聚水平，积极引导拥有环保技术优势的企业向清洁产业转移，促进四川省尽快跨过改善环境的产业集聚门槛值。第三，健全环境污染治理投资体制机制。强化循环经济作为环境治理的战略地位作用，构建多元化的环境污染治理投融资体制机制，加快污染治理的市场化进程，增加治理投入，提升资金使用效率。第四，提高能源利用效率。推动现有高能耗企业的兼并重组，促进节能技术研发、节能产品生产等为一体的产业集群；积极促进高新技术、高能源利用效率产业的发展，限制高能耗产业的发展。

第5章 我国省级真实环境效率
测度与影响因素分析

5.1 引　言

据《2015 年全球能源架构绩效指数报告》显示，中国的能源架构绩效指数在 125 个国家中排名第 89 位，这充分说明了我国的能源利用效率处于中下游水平，与发达国家相比存在着较大的差距。改革开放四十年，中国经济快速发展，综合经济实力已跃居世界第二大经济体，但随着城市化进程的不断加快，大量不可再生资源不断消耗，生态环境急剧恶化，严峻的资源环境形势已成为影响我国经济发展全局的硬约束，如雾霾污染、水资源污染、土壤重金属污染等。过去以GDP 增长为导向的"高能耗、高排放、高污染"的粗放式经济增长方式，显然已经不合时宜。因此，切实转变经济发展方式，采取有效的环境治理政策刻不容缓。而有效的环境效率测度可探究出资源过度消费与环境污染的主要原因，这是找寻出有助于环境治理政策改进的前提条件。为此，有必要在节能减排的约束下更加准确地测算我国省级地区环境效率的真实水平、变化趋势及其差异性，找寻出有助于环境治理政策改进的空间。因此，本章试图优化以往研究的不足，力图运用三阶段 DEA 模型和线性数据转换函数法测算全国、各省、区、市、东部、中部、西部等地区在相同环境下更为客观真实的环境效率水平及其变化趋势，探讨我国环境效率的影响因素，并提出提高我国环境效率的政策建议，这对促进我国经济社会的可持续发展具有重要的理论和现实指导意义。

5.2 研　究　方　法

采用三阶段 DEA 模型评价环境效率的度量操作具体情况如下。

(1)第一阶段：采用传统 DEA 模型(BCC 模型)测算决策单元效率值。

该阶段一般采用规模报酬可变的 BCC 模型对样本初始投入和产出数据进行传统 DEA 模型分析。BCC 模型是在修正 CCR 模型基础上构建起来的，它改进了 CCR 模型只能计算规模报酬不变情形下的效率值的情况。BCC 模型可表示为

$$\max\{\theta\}$$

$$\text{s.t.}\begin{cases} \sum_{j=1}^{N} X_j \lambda_j \leqslant X_{j0} \\ \sum_{j=1}^{N} X_j \lambda_j \geqslant \theta Y_{j0} \\ \sum_{j=1}^{N} \lambda_j = 1 \\ \lambda_j \geqslant 0 \end{cases} \tag{5.1}$$

式中，X 表示各省、区、市的投入指标变量矩阵；Y 表示相对的产出指标变量矩阵；N 表示所选省、区、市的数目；λ 表示投入变量的权重；θ 为效率值。

（2）第二阶段：随机前沿分析(stochastic frontier approach，SFA)模型的投入产出调整。

第一阶段基于传统 DEA 模型分析所得的环境效率值要受到环境、随机误差和管理效率的综合作用。为进一步分清各因素所产生的影响程度，在此环节需借助 SFA 模型以剔除环境因素和随机误差因素，以此来提高 DEA 模型的估计信度，从而得出的决策单元投入冗余仅由管理无效率造成。假设 n 个决策单元，单个决策单元均有 m 种投入，可观测的外部环境变量有 p 个，则可构建的 SFA 模型回归方程如下：

$$s_{ik} = f_i(z_k; \beta_i) + v_{ik} + \mu_{ik} \tag{5.2}$$

其中，s_{ik} 为第 k 个决策单元的第 i 项投入的松弛变量$(i=1,2,\cdots,m;k=1,2,\cdots,n)$。$f_i(z_k;\beta_i)$ 为环境变量对要素 i 投入松弛变量 s_{ik} 的影响，一般形式为 $f_i(z_k;\beta_i)=z_k\beta_i$，其中 $z_k=(z_{1k},z_{2k},...,z_{pk})$ 为第 k 个决策单元可观测的环境变量，β_i 为环境变量的待估系数。联合项 $v_{ik}+\mu_{ik}$ 为混合误差项，其中 v_{ik} 表示随机干扰项，服从 $v_{ik} \sim N(0,\sigma_{vi}^2)$；$\mu_{ik}$ 为管理无效率项，分布服从 $\mu_{ik} \sim N^+(\mu_i,\sigma_{ui}^2)$；$v_{ik}$ 和 μ_{ik} 相互独立且不相关。令 $\gamma = \sigma_{\mu i}^2/(\sigma_{\mu i}^2+\sigma_{vi}^2)$，该项为管理无效率方差占总方差的比重，当 γ 值趋于 1 时，表明管理无效率因素为主要影响；当 γ 值趋于 0 时，表明随机误差因素的影响较大，此时可消除 μ_{ik}，随机模型变为确定性模型，然后仅通过 OLS(ordinary least square，普通最小二乘法)估计便可。为了将混合误差项中的随机误差和管理无效率分离开来，先利用 Frontier4.1 进行最大似然估计，可求得 β_i、σ^2、γ 的估计值。

然后利用 Jondrow 等(1982)提出的方法，求出管理无效率估计值：

$$\hat{E}[\mu_{ik}|v_{ik}+\mu_{ik}] = \frac{\gamma\sigma}{1+\gamma^2}\left(\frac{\varphi(\gamma e_i)}{\phi(\gamma e_i)}+\gamma e_i\right) \tag{5.3}$$

式中，ϕ、φ 分别为标准正态分布的分布函数和密度函数；e_i 为误差项。从而可进一步求得 v_{ik} 估计值：

$$\hat{E}[v_{ik}|v_{ik}+\mu_{ik}] = s_{ik} - f_i(z_k;\hat{\beta}_i) - \hat{E}[\mu_{ik}|v_{ik}+\mu_{ik}] \qquad (5.4)$$

根据 SFA 模型的估计结果，可知投入松弛变量基于各环境变量的影响程度，在此基础上，对未达到有效水平的决策单元进行相应的投入调整：

$$y_{ik}^* = y_{ik} + [\max_k\{z_k\hat{\beta}^n\} - z_k\hat{\beta}^n] + [\max_k\{\hat{v}_{ik}\} - \hat{v}_{ik}] \qquad (5.5)$$

式中，y_{ik}^*、y_{ik} 分别为第 k 个决策单元的第 i 项投入的调整值和初始值；$\hat{\beta}^n$ 表示环境变量的估计值。等式右边第二部分表示将所有决策单元的第 i 项投入变为环境变量作用为最大的情况，让其放在最不好的环境内投入的增量。等式右侧第三部分则是将其放在最大随机干扰项的情况下投入的增量。由此,各决策单元面对同样的外部条件便可得以保障。

(3)第三阶段：修正后的 DEA 模型。

用第二阶段的 y_{ik}^* 更换原来的 y_{ik}，其他保持不变，继续运用式(5.1)度量出新的效率结果，利用松弛变量所含信息，此时的效率结果排除了环境及随机因素的作用部分，是我国各省市实际环境效率大小值的客观呈现。

5.3 变量选取与数据获取

5.3.1 变量选取

1. 投入变量

根据前人在环境效率领域的研究成果，并依据传统宏观经济学理论，测算环境效率的投入变量，包括以下三项：①能源投入。能源作为一种中间投入，王兵等(2010)在传统的全要素生产率的测算过程中没有将其纳入模型中考虑。在考虑了环境因素之后，Watanabe 和 Tanaka(2007)将煤炭消费量作为能源消费指标，并将该资源投入纳入经济增长模型中。但从我国能源消费现状来看，能源消费包括煤炭、石油和天然气等种类，而煤炭消费总量仅占能源消费总量的 60%左右，且呈现出逐年下降趋势。因此，选择各省市历年能源消费总量较合时宜。②劳动投入。劳动力有效投入相比简单的劳动力人数应该是更好的度量指标，但数据获取较难，借鉴杨俊等(2010)、沈能和王群伟(2015)的做法，此处采用各省市历年从业人数作为劳动投入量指标。③资本投入。"永续盘存法"是按可比价格估算资本存量最常用的方法之一，主要涉及基期资本数量计算、当期投资指标和折旧率的选择，以及投资平减四个问题。选用资本存量作为资本投入指标，以 2000 年为基期，借鉴张军的算法进行估算，从而获取 2006～

2015 年各省份的资本存量。

2. 产出变量

借鉴相关研究成果和考虑数据的可获得性，选用 GDP 指标作为期望产出；同时，为全面考察环境污染因素，选取了化学需氧量、氨氮、二氧化硫、烟(粉)尘、固体废弃物排放指标，运用熵权法对其进行降维处理，把五大指标综合成一个环境污染综合指数，并以此作为非期望产出。但在环境效率评价中，通常存在着"三废"排放量这种类型的环境污染物指标。而三阶段 DEA 模型要求每个决策单元的输入和输出数据必须为正值，且 DEA 效率通常是以评价指数的形式来呈现的，指数值越大，效率水平也就越高，所以，该方法要求投入越低越优，产出越多越优。因此，这些指标往往不符合 DEA 模型的运行条件，致使 DEA 模型在效率测评时出现失效的情形。

鉴于此情形，必须对以上所需指标做相应的转化处理，目前常用的方式有曲线测度评价法、污染物投入处理法、数据转换函数处理法及方向距离函数法。其中，数据转换函数处理法是由 Seiford 和 Zhu(2002)提出的一种较为理想的效率评价方法，包含负产出、线性与非线性数据转化等不同类型，由于线性数据转化法在 VRS(variable returns to scale，可变规模收益)模型分析中更具优势，此处特选取该方法对环境污染物指数做数据转化，具体公式为 $Y' = -Y_i + C$，C 表示某个非常大的值，以此保证所有转换后的输出数据均为正值，借鉴已有研究成果，我们选取 C 值为样本地区最大值的 1.1 倍。

3. 环境变量

此类变量需达到"分离假设"的要求，关键挑选出对环境效率产生作用，同时在较短时间里样本不能主观更改或把握的因素。学术界对环境效率的影响因素有着诸多不一致的实证结果，但普遍认为经济发展水平、开放水平、产业结构等变量对环境效率有着重要的影响。综合已有的研究成果，考察以下八个方面对环境绩效可能产生的影响。①实际人均 GDP。以各省市的实际 GDP 与总人口的比重表示人均 GDP，它是以某省市某一年为基期进行 CPI 折算的。②人口密度。用每平方公里人口数量表示该指标。③产业结构。用工业占三大产业总量的比值表示。④城市化水平。城镇和农村对环境效率的影响程度存在着较大差异，此处用地方城镇人口占常驻总人口之比表示城市化水平。⑤外贸依存度。用地区进出口总额占地区 GDP 的比值表示该指标，也称为外部系数，反映了该地区的外向程度。⑥外资开放度。用地区实际利用外资总额占地区 GDP 的比值表示该项指标。⑦政府规划。用各区域在环境污染治理方面的投资总额与其当年区域 GDP 的比值表示。⑧科技水平。用区域 RD 投入占区域 GDP 的比值表示。

5.3.2 数据获取及处理

根据所选分析工具及指标的特点，由于西藏、台湾、香港、澳门的数据资料不齐全，本章只分析我国其余 30 个省、区、市 2006~2015 年间的环境效率。其中，各变量指标数据均来自历年的《中国统计年鉴》《中国环境统计年鉴》，以及各省统计年鉴和中国经济数据库。由于各个指标不同的计量单位会对评价结果产生较大的影响，本章借鉴 Afonso 等(2006)提出的无量纲化数据处理方法来消除各个指标不同量纲的问题，即用各项子指标除以各自平均值的方法来正规化处理指标数据，则可得到均值为 1 的无量纲子指标。

表 5.1 为投入变量、产出变量及环境变量经过标准化处理后的描述性统计结果。从表 5.1 可以看出，各变量之间的最大值与最小值之间的差异极其不平衡。其中，差异最大的变量为人口密度指标，标准差为 1.461，其最大值出现在 2014年的上海(8.714)，人口密度达到每平方公里 3826 人，最小值出现在 2006 年的青海省(0.017)，人口密度约为每平方公里 7 人，两者相差约 546 倍。其次是外贸依存度指标，标准差为 1.219，其最大值约是最小值的 50 倍。其余变量的最大值与最小值之间相差倍数均在 2 倍以上，这也充分说明了我国各省、区、市之间在投入变量、产出变量、环境变量等方面存在着较为严重的不平衡现象。

表 5.1 标准化处理后的各变量描述性统计结果

种类	变量	样本数	均值	标准差	最小值	最大值
投入变量	能源	300	1	0.623	0.072	2.879
	劳动	300	1	0.658	0.113	2.547
	资本	300	1	0.808	0.062	4.372
产出变量	非期望产出(污染综合指数)	300	1	0.320	0.281	1.572
	期望产出(GDP)	300	1	0.858	0.041	4.568
环境变量	人口密度	300	1	1.461	0.017	8.714
	实际人均 GDP	300	1	0.584	0.156	2.934
	城市化水平	300	1	0.266	0.525	1.713
	外贸依存度	300	1	1.219	0.108	5.435
	外资开放度	300	1	0.769	0.000045	3.347
	产业结构	300	1	0.164	0.418	1.243
	政府规划	300	1	0.479	0.293	3.108
	科技水平	300	1	0.744	0.143	4.298

5.4　实证结果分析

5.4.1　第一阶段传统 DEA 实证结果分析

1. 综合环境效率分析

在此阶段，通过所获取的相关数据，借助软件 DEAP2.1，选取 BCC 模型对我国 30 个省(区、市)在 2006～2015 年的绩效水平进行了分析，其结果如表 5.2 所示，变化趋势如图 5.1 所示。

表 5.2　2006～2015 年第一阶段各省(区、市)环境绩效水平分析结果

地区	省(区、市)	2006 年	2007 年	2008 年	2009 年	2010 年	2011 年	2012 年	2013 年	2014 年	2015 年
东部地区	北京	0.824	0.882	0.913	0.915	0.957	1	0.994	1	0.998	1
	天津	0.912	0.894	0.942	0.856	0.845	0.909	0.94	0.963	0.985	1
	河北	0.738	0.74	0.729	0.666	0.694	0.726	0.699	0.679	0.646	0.608
	辽宁	0.705	0.707	0.735	0.708	0.744	0.786	0.777	0.757	0.723	0.708
	上海	0.854	0.895	0.915	0.884	0.929	0.977	0.973	0.96	0.985	0.986
	江苏	0.745	0.782	0.833	0.813	0.873	0.933	0.931	0.943	0.953	0.953
	浙江	0.727	0.762	0.794	0.772	0.831	0.88	0.874	0.878	0.873	0.864
	福建	0.758	0.772	0.767	0.743	0.773	0.802	0.795	0.792	0.771	0.755
	山东	0.735	0.73	0.75	0.719	0.732	0.759	0.761	0.77	0.762	0.746
	广东	0.961	0.985	1	0.951	0.972	1	0.977	0.986	0.972	0.96
	广西	0.811	0.8	0.773	0.683	0.664	0.671	0.633	0.625	0.614	0.601
	海南	1	0.994	1	0.958	0.975	0.974	0.919	0.87	0.852	0.847
	均值	0.814	0.829	0.846	0.806	0.832	0.868	0.856	0.852	0.845	0.836
中部地区	山西	0.786	0.792	0.81	0.677	0.718	0.751	0.717	0.666	0.611	0.564
	内蒙古	0.74	0.756	0.819	0.754	0.739	0.767	0.721	0.652	0.618	0.628
	吉林	0.71	0.667	0.641	0.6	0.594	0.62	0.614	0.594	0.567	0.534
	黑龙江	0.837	0.817	0.817	0.719	0.755	0.799	0.765	0.714	0.674	0.622
	安徽	0.781	0.787	0.797	0.765	0.809	0.866	0.853	0.847	0.831	0.799
	江西	0.778	0.765	0.794	0.756	0.814	0.883	0.881	0.89	0.89	0.866
	河南	0.809	0.778	0.754	0.648	0.644	0.647	0.628	0.629	0.609	0.587
	湖北	0.658	0.692	0.727	0.708	0.739	0.779	0.781	0.797	0.789	0.777
	湖南	0.827	0.844	0.858	0.806	0.817	0.84	0.819	0.849	0.841	0.832
	均值	0.770	0.766	0.780	0.715	0.737	0.772	0.753	0.738	0.714	0.690

续表

地区	省(区、市)	2006年	2007年	2008年	2009年	2010年	2011年	2012年	2013年	2014年	2015年
西部地区	重庆	0.677	0.681	0.743	0.726	0.753	0.819	0.828	0.829	0.83	0.825
	四川	0.724	0.745	0.762	0.73	0.756	0.795	0.783	0.796	0.786	0.773
	贵州	0.64	0.676	0.719	0.676	0.682	0.716	0.714	0.7	0.693	0.68
	云南	0.729	0.758	0.803	0.723	0.665	0.643	0.616	0.624	0.59	0.558
	陕西	0.732	0.718	0.737	0.675	0.711	0.747	0.753	0.747	0.73	0.681
	甘肃	0.787	0.796	0.796	0.73	0.749	0.769	0.741	0.718	0.69	0.619
	青海	1	0.983	1	0.997	1	0.978	0.991	0.999	1	0.983
	宁夏	0.919	0.918	0.966	0.912	0.924	0.926	0.939	0.94	0.941	0.945
	新疆	0.665	0.677	0.714	0.664	0.732	0.774	0.742	0.697	0.65	0.569
	均值	0.785	0.794	0.820	0.773	0.786	0.810	0.799	0.792	0.774	0.745
全国均值		0.786	0.793	0.814	0.764	0.786	0.818	0.805	0.797	0.782	0.762

注：本章提到的"全国"数据不包括"香港、澳门、台湾及西藏"的数据；"西部"数据不包含"西藏"的数据。

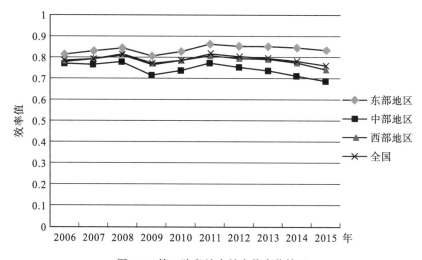

图 5.1　第一阶段综合效率值变化情况

从 30 个省、区、市的数据来看，在不考虑外部环境变量和随机因素的情况下，达到技术有效前沿面的省、区、市数量在 0～3 个波动变化，2015 年仅为 2 个。从图 5.1 可以看出，全国、中部、西部地区的平均综合技术效率水平均呈波动下降趋势，东部地区为波动上升趋势。其中，全国及中、西部地区的平均纯技术效率水平均呈波动下降趋势，东部的为波动上升趋势，且东部地区的效率水平始终高于中、西部地区及全国平均水平，而全国及三大区域规模效率水平都比较高，均高于所在地区的纯技术效率水平，且差异及变化幅度较小，这说明限制东、中、西部地区环境效率提升的主要因素在于纯技术效率不高的影响。但此结果没有将环境与随机因素的作用成分去除，无法反映不同省域的实际环境效率情况，因此还需进一步调整和测算。

2. 纯技术效率分析

从表 5.3 中各省(区、市)的环境纯技术效率结果来看，样本调查期间全国纯技术效率达到 1 的省市数量在 0~5 个变化，截至 2015 年，则有 5 个省市的纯技术效率值达到 1。从纯技术效率变化趋势来看，由图 5.2 可知全国、中部、西部区域的平均纯技术效率水平均呈波动下降趋势，东部区域的平均纯技术效率水平则为波动上升趋势；东部地区的效率水平始终高于中、西部地区及全国平均水平，中部和西部地区的平均纯技术效率水平均低于全国平均水平，且除 2006 年外，西部地区的平均纯技术效率水平均高于中部地区水平。

表 5.3　2006~2015 年第一阶段各省(区、市)环境纯技术效率分析结果

地区	省(区、市)	2006年	2007年	2008年	2009年	2010年	2011年	2012年	2013年	2014年	2015年
东部地区	北京	0.825	0.882	0.914	0.916	0.961	1.000	0.994	1.000	0.998	1.000
	天津	0.922	0.903	0.949	0.860	0.854	0.910	0.943	0.965	0.988	1.000
	河北	0.756	0.754	0.739	0.679	0.705	0.738	0.710	0.684	0.648	0.608
	辽宁	0.728	0.732	0.760	0.730	0.761	0.793	0.777	0.758	0.730	0.718
	上海	0.864	0.903	0.922	0.890	0.935	0.982	0.978	0.961	0.987	0.992
	江苏	0.749	0.787	0.837	0.818	0.874	0.947	0.955	0.977	0.994	1.000
	浙江	0.729	0.763	0.796	0.774	0.832	0.880	0.874	0.884	0.887	0.888
	福建	0.765	0.776	0.770	0.746	0.776	0.804	0.798	0.795	0.773	0.755
	山东	0.741	0.734	0.752	0.722	0.735	0.760	0.767	0.785	0.784	0.774
	广东	0.963	0.986	1.000	0.951	0.972	1.000	0.991	1.000	1.000	1.000
	广西	0.853	0.830	0.796	0.700	0.679	0.677	0.639	0.630	0.619	0.605
	海南	1.000	0.999	1.000	0.960	0.975	0.984	0.934	0.898	0.877	0.867
	均值	0.825	0.837	0.853	0.812	0.838	0.873	0.863	0.861	0.857	0.851
中部地区	山西	0.832	0.829	0.839	0.712	0.747	0.778	0.742	0.689	0.632	0.585
	内蒙古	0.788	0.803	0.857	0.785	0.769	0.784	0.732	0.665	0.650	0.658
	吉林	0.727	0.686	0.659	0.616	0.607	0.632	0.623	0.603	0.581	0.574
	黑龙江	0.856	0.833	0.829	0.736	0.769	0.814	0.781	0.729	0.686	0.635
	安徽	0.798	0.800	0.808	0.773	0.814	0.871	0.858	0.852	0.835	0.804
	江西	0.799	0.781	0.807	0.768	0.823	0.892	0.889	0.897	0.896	0.872
	河南	0.826	0.789	0.762	0.655	0.648	0.650	0.632	0.629	0.612	0.597
	湖北	0.671	0.702	0.734	0.713	0.743	0.782	0.784	0.799	0.792	0.779
	湖南	0.852	0.863	0.872	0.817	0.824	0.843	0.820	0.853	0.845	0.835
	均值	0.794	0.787	0.796	0.731	0.749	0.783	0.762	0.746	0.725	0.704

续表

地区	省(区、市)	2006年	2007年	2008年	2009年	2010年	2011年	2012年	2013年	2014年	2015年
西部地区	重庆	0.690	0.692	0.752	0.735	0.760	0.823	0.832	0.833	0.833	0.828
	四川	0.743	0.759	0.773	0.738	0.762	0.798	0.784	0.798	0.788	0.775
	贵州	0.677	0.709	0.747	0.704	0.700	0.728	0.723	0.710	0.702	0.688
	云南	0.745	0.773	0.815	0.732	0.670	0.651	0.621	0.629	0.594	0.563
	陕西	0.750	0.733	0.748	0.682	0.717	0.756	0.762	0.756	0.738	0.689
	甘肃	0.812	0.814	0.811	0.744	0.762	0.780	0.750	0.728	0.701	0.630
	青海	1.000	0.994	1.000	0.997	1.000	1.000	1.000	1.000	1.000	1.000
	宁夏	0.959	0.964	0.996	0.927	0.947	0.951	0.952	0.950	0.943	0.946
	新疆	0.691	0.706	0.742	0.694	0.760	0.800	0.769	0.721	0.670	0.586
	均值	0.785	0.794	0.820	0.773	0.786	0.810	0.799	0.792	0.774	0.745
全国均值		0.804	0.809	0.826	0.776	0.796	0.827	0.814	0.806	0.793	0.775

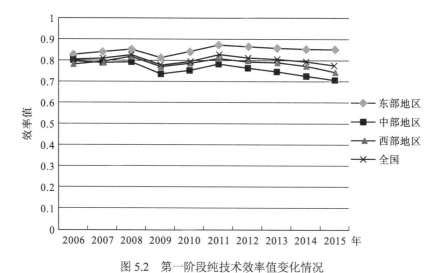

图 5.2 第一阶段纯技术效率值变化情况

3. 环境规模效率分析

从表 5.4 可以看出，全国、东部、中部、西部的区域平均规模效率水平都比较高，均大于 0.9，而且也均高于所在地区的纯技术效率水平，且差异及变化幅度较小，这说明限制东、中、西部地区区域环境效率提升的主要因素是纯技术效率不高。从样本期间各省、区、市规模效率有效值情况来看，北京、天津、河北、福建、宁夏 5 个省(区、市)平均规模效率值由原来的非有效值提升为 1；而青海省和海南省均由原来的有效值 1 下降为非有效值。从图 5.3 的规模效率值变化趋势可知，全国、东部、中部地区的平均规模效率均呈现先上升后下降的趋势，西部地区的平均规模效率值则呈上升趋势。截至 2013 年，东部地区的规模效率最高，均高于全国、西部、中部的平均规模效率水平，而西部和中部地区的平均规模效率水平均低于全国平均水平。在 2014 年，地区平均规模效率从大到小依次为：西部>全国>东部>中部。

表 5.4　2006~2015 年第一阶段各省(区、市)环境规模效率分析结果

地区	省(区、市)	2006年	2007年	2008年	2009年	2010年	2011年	2012年	2013年	2014年	2015年
东部地区	北京	0.999	0.999	1.000	0.999	0.996	1.000	1.000	1.000	1.000	1.000
	天津	0.990	0.990	0.992	0.995	0.990	0.998	0.997	0.997	0.997	1.000
	河北	0.976	0.982	0.986	0.981	0.983	0.983	0.985	0.992	0.997	1.000
	辽宁	0.969	0.965	0.967	0.969	0.978	0.992	1.000	0.998	0.991	0.987
	上海	0.989	0.990	0.992	0.992	0.993	0.995	0.995	0.999	0.998	0.993
	江苏	0.994	0.995	0.996	0.995	0.999	0.985	0.975	0.966	0.959	0.953
	浙江	0.996	0.998	0.998	0.998	0.999	0.999	0.999	0.993	0.984	0.973
	福建	0.990	0.995	0.995	0.995	0.996	0.997	0.997	0.996	0.997	1.000
	山东	0.992	0.995	0.998	0.996	0.996	0.999	0.992	0.982	0.972	0.964
	广东	0.998	0.999	1.000	0.999	1.000	1.000	0.986	0.986	0.972	0.960
	广西	0.951	0.963	0.971	0.976	0.979	0.991	0.991	0.992	0.993	0.993
	海南	1.000	0.995	1.000	0.998	0.999	0.990	0.984	0.969	0.971	0.977
	均值	0.987	0.989	0.991	0.991	0.992	0.994	0.992	0.989	0.986	0.983
中部地区	山西	0.944	0.956	0.965	0.951	0.961	0.964	0.966	0.967	0.966	0.964
	内蒙古	0.939	0.942	0.956	0.960	0.961	0.979	0.985	0.980	0.951	0.954
	吉林	0.976	0.972	0.972	0.973	0.978	0.981	0.984	0.985	0.976	0.930
	黑龙江	0.978	0.981	0.985	0.977	0.982	0.981	0.979	0.980	0.981	0.981
	安徽	0.979	0.984	0.987	0.989	0.993	0.994	0.994	0.995	0.995	0.995
	江西	0.974	0.979	0.985	0.985	0.989	0.990	0.991	0.992	0.993	0.993
	河南	0.979	0.985	0.990	0.991	0.993	0.995	0.995	0.995	0.995	0.983
	湖北	0.980	0.986	0.990	0.993	0.996	0.996	0.996	0.997	0.997	0.998
	湖南	0.971	0.978	0.984	0.987	0.992	0.997	0.998	0.996	0.996	0.997
	均值	0.969	0.974	0.979	0.978	0.983	0.986	0.988	0.988	0.983	0.977
西部地区	重庆	0.982	0.985	0.988	0.987	0.990	0.994	0.995	0.996	0.996	0.997
	四川	0.974	0.981	0.986	0.989	0.991	0.997	0.999	0.998	0.997	0.997
	贵州	0.946	0.954	0.963	0.960	0.973	0.983	0.987	0.985	0.987	0.988
	云南	0.979	0.982	0.985	0.987	0.991	0.989	0.992	0.991	0.992	0.992
	陕西	0.975	0.980	0.985	0.989	0.992	0.988	0.988	0.989	0.989	0.989
	甘肃	0.970	0.977	0.981	0.980	0.984	0.986	0.989	0.986	0.985	0.982
	青海	1.000	0.989	1.000	0.999	1.000	0.978	0.991	0.999	1.000	0.983

续表

地区	省(区、市)	2006年	2007年	2008年	2009年	2010年	2011年	2012年	2013年	2014年	2015年
西部地区	宁夏	0.959	0.952	0.970	0.984	0.976	0.974	0.986	0.990	0.998	1.000
	新疆	0.962	0.960	0.962	0.957	0.963	0.967	0.965	0.966	0.971	0.970
	均值	0.972	0.973	0.980	0.981	0.984	0.984	0.988	0.989	0.991	0.989
全国均值		0.977	0.980	0.984	0.984	0.987	0.989	0.989	0.989	0.987	0.983

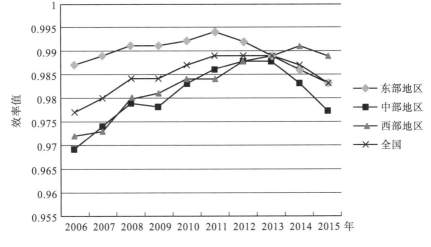

图 5.3　第一阶段规模效率值变化情况

由于该结果不能剔除环境因素和随机因素对环境效率的干扰，并不能真正反映各省(区、市)环境效率的真实水平，因此还需进一步调整和测算。

5.4.2　第二阶段 SFA 回归结果及分析

在 DEA 模型分析的第二阶段，运用 SFA 模型分解出环境因素、随机误差和管理无效率对环境效率的影响程度，调整各省、区、市的原始投入值，可得到相同管理环境下的环境绩效水平。将第一阶段测算出的能源、劳动力、资本三个投入变量的松弛量作为回归函数的被解释变量，选取人口密度、实际人均 GDP、城市化水平、外贸依存度、外资开放度、产业结构、政府规划、科技水平作为解释变量，考察 8 个环境变量对 3 个投入项松弛变量的影响。运用软件 Frontier4.1，可得到第二阶段 SFA 回归结果，如表 5.5 所示。

从表 5.5 可以看出，评价环境效率时所选的环境变量对投入松弛变量的系数有部分能通过显著性检验，这说明外部环境因素对各省、区、市的环境投入松弛变量存在一定的显著影响。因此，为了有效剥离管理因素和随机因素，对投入变量进行第二阶段的调整则显得相当重要。

表 5.5　第二阶段 SFA 回归运行结果

变量	能源投入系数	劳动力投入系数	资本投入系数
常数项	-2 260.180 9*** (-936.802 9)	3 114.116 6*** (565.314 65)	4 037.789 6*** (1 293.220 6)
人口密度	1.320 3*** (3.077 7)	0.413 7*** (5.900 9)	-0.229 29 (-0.402 36)
实际人均 GDP	0.012 9 (0.693 6)	0.004 03 (1.333 4)	0.171 67*** (7.218 65)
城市化水平	3.699 4 (0.137 1)	-67.7579 5*** (-14.703 2)	-152.994 69*** (-4.221 13)
外贸依存度	-1 752.783 3*** (-1 727.593 7)	-260.256 4*** (-90.243 1)	-3 046.446 2*** (-2 841.453 5)
外资开放度	-276.326 8*** (-47.627 8)	56.255 2*** (2.638 47)	-223.130 5*** (-26.069 4)
产业结构	138.142 7*** (7.137 37)	16.670 1*** (5.276 8)	148.684 6*** (5.821 24)
政府规划	107 428.11*** (107 414.23)	-24 114.78*** (-24 068.438)	-122 262.54*** (-122 200.74)
科技水平	-456.501 6*** (-171.112 2)	379.370 9*** (204.376 0)	-16.083 1*** (-5.005 3)
σ^2	13719 520*** (13719 199)	354 413.2*** (351 879.26)	27176 615*** (27176 114)
γ	0.028 96 (0.336 4)	0.028 71 (0.314 666)	0.015 6 (0.232 5)

注：***表示 1%显著水平下显著；**表示 5%显著水平下显著；*表示 10%显著水平下显著；括号里为变量的 z 值。

在考察环境变量对投入松弛变量所带来的影响时，若系数结果是正值，则意味着环境变量值的上升将会带来投入松弛变量的增长或产出降低，导致浪费增加，对环境效率产生不利影响。若结果是负值，表明此环境变量的上升将带来投入松弛变量的缩小或产出增加，产生节约现象，对环境效率产生正影响。下面分析对投入松弛变量有显著影响的环境变量。

（1）**人口密度**。计算结果表明，人口密度对能源和劳动力的投入松弛变量的回归系数均为正值，且均通过了 1%的显著水平检验。这说明人口密度的增加会导致能源和劳动力投入松弛变量的增加，意味着能源、劳动力资源未得到充分利用，从而对环境效率产生不利的影响。

（2）**实际人均 GDP**。计算结果表明，实际人均 GDP 与能源、劳动力和资本投入松弛变量的回归结果都是正值，且与资本投入松弛变量的回归系数在 1%显著水平下显著。这就是说实际人均 GDP 对能源与劳动力的投入冗余带来的影响是不显著的，但实际人均 GDP 的上升将会带来资本投入松弛变量的增加，从而降低资本的利用效率。这主要是由于人均 GDP 的增加对资本利用效率的影响存在门槛效应，当低于门槛值时，人均 GDP 的增加将无法对资本利用效率的提升产生正影响，从而对环境效率带来不利影响。

(3) **城市化水平**。计算结果表明，城市化水平同劳动力、资本投入松弛变量的回归结果都是负值，同时也均通过 1%显著水平。这说明城市化水平的提高将使得劳动力及资本的投入松弛变量减小，从而产生节约现象，对环境效率带来正影响，这与实际相符合。城市化水平的推进，虽然会增加劳动力和资本的投入，但通过规模效应和聚集效应可以更合理的配置投入资源，提高投入资源的使用效率；同时还可以通过产业集聚和人口集聚提高集中排污、集中治理效率，降低治污成本。

(4) **外贸依存度**。回归结果表明，外贸依存度与能源、资本及劳动力投入松弛变量的回归结果都是负值，且均在 1%显著水平下显著。这说明外贸依存度的增加将会带来能源、劳动力和资本投入冗余的减少，产生节约现象，从而对环境效率产生积极地正影响。出现此种结果的原因可能是近年来我国的加工贸易比重实现了高速度、跨越式发展，外贸依存度的增长对能源、劳动力及资本的影响已突破了门槛值的限制，呈现出积极的正向影响。

(5) **外资开放度**。回归结果表明，外资开放度与能源和资本的投入松弛变量的回归结果为负值，与劳动力投入松弛变量的回归系数为正值，且均在 1%水平下显著。这说明外资开放度的增加将会导致能源与资本的投入松弛变量的减少、劳动力投入冗余的增加，从而产生能源与资本资源的节约、劳动力资源的浪费现象。

(6) **产业结构**。计算结果表明，产业结构与能源、劳动力和资本投入松弛变量的回归系数均为正值，且均在 1%显著水平下显著。由此可知，第二产业比重的增加将会带来能源、劳动力及资本投入松弛变量的增加，造成浪费现象。而在同一显著水平下，产业结构与能源和资本的投入松弛变量的回归系数要远大于与劳动力投入松弛变量的回归系数，这充分说明了能源与资本的利用效率受第二产业比重的影响更大，这主要是由于我国还处于发展中国家阶段，技术创新能力不高，能源与资本的利用效率较低，第二产业比重的增加势必会带来环境效率的降低，这与实际相互吻合。

(7) **政府规划**。计算结果表明，政府规划与能源投入松弛变量的回归系数为正值，与劳动力、资本投入松弛变量的回归系数为负值，并且三个结果系数均在1%显著水平下显著。这意味着政府环境治理投资的增加与能源、劳动力及资本投入松弛变量的变化有很大的相关性。而其与能源投入松弛变量的回归系数为正相关关系，说明政府对环境污染治理的投资明显滞后于环境的污染，即当出现严重的环境污染后，政府才会增加环境治理投资，从而出现被动治理现象。同时，环境治理投资资金较多用于环境污染的末端治理，而在清洁能源生产、能源效率提升等前端防控的投入却相对不足。

(8)**科技水平**。计算结果表明，科技水平与能源、资本投入松弛变量的回归系数为负值，与劳动力投入松弛变量的回归系数为正值，同时三个结果系数均在1%显著水平下严格显著，这说明科技水平的提高能带来能源与资本效率的提高，却无法实现劳动力使用效率的提高。首先，科技创新水平的提高，这无疑意味着对我国资本配置效率的提升有着显著作用；同时，随着先进能源利用技术、清洁能源技术的运用，势必会提高能源利用效率，带来能源的大量节约。因此，科技水平对能源和资本投入的影响与实际情况相吻合。其次，随着科技水平的提升，机器设备更新加速，劳动生产率与科技水平将呈同步提升趋势，但科技水平与劳动效率未必呈同步发展趋势，这是因为科技水平对劳动效率和劳动生产效率的影响机理是不一样的，劳动效率的提升不仅取决于我国从业人员整体的文化素质水平，还取决于经济、体制机制、宏微观管理、劳动者的积极性等诸多因素。

基于上述剖析易知，环境变量对不同的投入松弛变量产生的影响程度因不同区域而有所差异。因为外部环境因素的作用，可能会使得不同环境下的地区在环境绩效上表现出较大的偏差。所以，需对原来的投入变量进行调整，将环境与随机因素的作用成分去除，从而保证各地区处在同样的外部环境条件中，进而探索其环境效率的实际水平。

5.4.3 第三阶段投入调整后的 DEA 实证结果

1.综合环境效率分析

在此阶段，依照式(5.4)对投入变量进行修正，借助软件 DEAP2.1，把新的投入数据与原产出量一同放入 BCC 模型，重新测算出不同决策单元的效率水平，具体结果如表5.6和图5.4所示。

表5.6　2006～2015年第三阶段各省(区、市)相同环境下的环境绩效水平结果

地区	省(区、市)	2006年	2007年	2008年	2009年	2010年	2011年	2012年	2013年	2014年	2015年
东部地区	北京	0.994	0.989	0.998	1	1	0.973	0.985	0.998	1	1
	天津	0.928	0.94	0.957	0.958	0.942	0.923	0.892	0.881	0.863	0.925
	河北	0.569	0.609	0.658	0.673	0.699	0.689	0.714	0.733	0.739	0.741
	辽宁	0.547	0.587	0.616	0.637	0.694	0.741	0.76	0.787	0.774	0.762
	上海	0.899	0.899	0.765	0.904	0.924	0.951	0.953	0.972	0.982	0.993
	江苏	0.788	0.848	0.886	0.9	0.937	0.972	0.981	0.987	0.993	1
	浙江	0.873	0.906	0.928	0.934	0.963	0.973	0.98	0.986	0.987	0.992
	福建	0.849	0.897	0.903	0.903	0.911	0.92	0.912	0.909	0.924	0.927
	山东	0.726	0.801	0.855	0.867	0.901	0.934	0.95	0.962	0.966	0.974
	广东	0.583	0.873	0.913	0.923	0.938	1	0.998	1	1	1
	广西	0.567	0.612	0.638	0.658	0.673	0.842	0.837	0.846	0.845	0.853

续表

地区	省(区、市)	2006年	2007年	2008年	2009年	2010年	2011年	2012年	2013年	2014年	2015年
东部地区	海南	1	1	0.995	0.984	0.994	0.961	0.961	0.969	0.973	0.996
	均值	0.777	0.830	0.843	0.862	0.881	0.907	0.910	0.919	0.921	0.930
中部地区	山西	0.499	0.525	0.551	0.576	0.61	0.651	0.658	0.663	0.651	0.626
	内蒙古	0.616	0.624	0.65	0.657	0.622	0.69	0.685	0.709	0.705	0.666
	吉林	0.805	0.816	0.815	0.807	0.828	0.832	0.858	0.858	0.852	0.848
	黑龙江	0.752	0.757	0.769	0.764	0.792	0.766	0.763	0.767	0.78	0.774
	安徽	0.764	0.781	0.792	0.803	0.839	0.842	0.852	0.867	0.863	0.858
	江西	0.764	0.779	0.797	0.803	0.824	0.819	0.828	0.834	0.846	0.839
	河南	0.597	0.655	0.713	0.723	0.774	0.824	0.834	0.837	0.847	0.845
	湖北	0.729	0.768	0.795	0.815	0.852	0.89	0.902	0.899	0.904	0.912
	湖南	0.606	0.646	0.692	0.711	0.769	0.857	0.883	0.871	0.876	0.882
	均值	0.681	0.706	0.730	0.740	0.768	0.797	0.807	0.812	0.814	0.806
西部地区	重庆	0.848	0.852	0.863	0.856	0.863	0.904	0.914	0.921	0.928	0.933
	四川	0.607	0.66	0.708	0.737	0.756	0.858	0.893	0.896	0.899	0.9
	贵州	0.739	0.736	0.743	0.705	0.771	0.821	0.839	0.851	0.866	0.883
	云南	0.838	0.835	0.84	0.85	0.877	0.817	0.832	0.831	0.848	0.844
	陕西	0.783	0.79	0.801	0.837	0.856	0.85	0.857	0.856	0.858	0.854
	甘肃	0.863	0.881	0.885	0.872	0.875	0.865	0.878	0.885	0.88	0.875
	青海	1	0.98	0.98	0.98	0.969	0.902	0.892	0.875	0.874	0.834
	宁夏	0.937	0.911	0.922	0.93	0.886	0.869	0.868	0.856	0.848	0.84
	新疆	0.86	0.833	0.821	0.796	0.791	0.786	0.747	0.737	0.759	0.773
	均值	0.831	0.831	0.840	0.840	0.849	0.852	0.858	0.856	0.862	0.860
全国均值		0.764	0.793	0.808	0.819	0.838	0.857	0.864	0.868	0.871	0.872

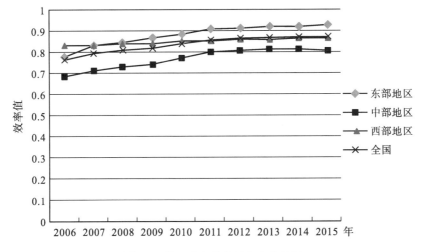

图 5.4　第三阶段综合效率变化情况

对比第一阶段的表 5.2 和第三阶段的表 5.6 可知，在剔除外部环境因素和随机因素的作用后，各省、区、市的环境效率发生了较大的改变，调整后的综合环境绩效水平高于调整前的水平值，且呈上升趋势。从调整前后技术有效前沿面角度来看，综合技术有效的省市数的总量始终保持 0～3 个，在 2006 年，综合技术效率达到有效值的省、区、市数量调整前后均为 2 个，分别是海南和青海；2015 年，环境效率达到技术效率前沿面的省、区、市数量为 3 个，分别为北京、江苏和广东。从图 5.4 的东部、中部、西部地区及全国综合效率值变化情况来看，在剔除外部环境因素和随机因素后，全国、东部、中部、西部地区的平均综合环境效率都呈上升趋势，但差距还较为明显。2006～2007 年，平均环境效率的大小依次为"西部地区＞东部地区＞全国地区＞中部地区"；2008～2010 年，平均环境效率的大小依次为"东部地区＞西部地区＞全国地区＞中部地区"；2011～2015 年，平均环境效率的大小依次为"东部地区＞全国地区＞西部地区＞中部地区"。

2. 纯技术效率水平分析

从调整后的纯技术效率水平(表 5.7)来看，纯技术效率值达到有效值的省份数量要高于调整前，即在 2006 年，纯技术效率值达到有效值 1 的省份有北京、上海、海南、河南、贵州、云南、陕西、甘肃、青海等 9 个省市，而到 2015 年，纯技术效率值为有效值 1 的省份则有北京、辽宁、上海、江苏、山东、广东、海南、内蒙古、河南、湖南和四川等 11 个省(区、市)。对比第一、第三阶段的纯技术效率情况，各省(区、市)的纯技术效率水平值也远远高于调整前的水平值，各地区的平均纯技术效率值均在 0.97 以上。这说明在各省(区、市)的纯技术效率水平均被低估。

从图 5.5 的东部、中部、西部地区及全国纯技术效率值变化情况来看，东部地区的平均纯技术效率水平波动幅度最大，中部地区的平均纯技术效率水平波动幅度最小，西部地区的平均纯技术效率则呈轻微下降趋势。

表 5.7 2006～2015 年第三阶段各省(区、市)相同环境下的纯技术效率水平结果

地区	省(区、市)	2006年	2007年	2008年	2009年	2010年	2011年	2012年	2013年	2014年	2015年
东部地区	北京	1.000	1.000	1.000	1.000	1.000	0.986	0.994	1.000	1.000	1.000
	天津	0.967	0.982	0.988	0.973	0.972	0.950	0.928	0.921	0.902	0.954
	河北	0.999	0.999	0.999	0.998	0.998	0.998	0.997	0.997	0.997	0.997
	辽宁	0.984	0.992	0.993	0.992	0.992	0.987	0.987	0.993	0.981	1.000
	上海	1.000	1.000	0.881	0.971	0.980	0.988	0.991	0.994	0.997	1.000
	江苏	0.996	0.997	0.999	1.000	1.000	1.000	1.000	1.000	0.999	1.000
	浙江	0.997	0.998	0.996	1.000	0.999	1.000	1.000	1.000	0.999	0.998
	福建	0.993	0.996	0.997	0.998	0.997	0.997	0.996	0.993	0.995	0.993
	山东	0.999	0.999	1.000	1.000	1.000	1.000	1.000	1.000	1.000	1.000

续表

地区	省(区、市)	2006 年	2007 年	2008 年	2009 年	2010 年	2011 年	2012 年	2013 年	2014 年	2015 年
东部地区	广东	0.725	0.990	1.000	0.999	0.992	1.000	1.000	1.000	1.000	1.000
	广西	0.998	0.998	0.998	0.997	0.998	0.999	0.998	0.997	0.997	0.996
	海南	1.000	1.000	1.000	0.990	1.000	0.988	0.985	0.995	1.000	1.000
	均值	0.972	0.996	0.988	0.993	0.994	0.991	0.990	0.991	0.989	0.995
中部地区	山西	0.999	0.999	0.999	0.996	0.997	0.995	0.991	0.989	0.987	0.980
	内蒙古	0.992	0.993	0.991	0.987	0.980	0.977	0.981	1.000	1.000	1.000
	吉林	0.994	0.994	0.991	0.991	0.989	0.991	0.994	0.994	0.994	0.995
	黑龙江	0.997	0.997	0.997	0.994	0.995	0.996	0.991	0.987	0.985	0.982
	安徽	0.998	0.997	0.997	0.998	0.999	0.999	1.000	0.999	0.999	0.998
	江西	0.999	0.999	1.000	1.000	0.999	0.998	0.997	0.998	0.998	0.997
	河南	1.000	1.000	1.000	1.000	1.000	1.000	1.000	1.000	1.000	1.000
	湖北	0.996	0.998	0.998	0.998	0.999	0.999	0.999	0.999	0.998	0.998
	湖南	0.998	0.998	0.998	0.998	1.000	1.000	1.000	1.000	1.000	1.000
	均值	0.997	0.997	0.997	0.996	0.995	0.995	0.995	0.996	0.996	0.994
西部地区	重庆	0.994	0.995	0.996	0.995	0.992	0.991	0.995	0.994	0.995	0.997
	四川	0.999	0.999	0.999	0.999	1.000	1.000	1.000	1.000	1.000	1.000
	贵州	1.000	1.000	1.000	1.000	0.999	0.999	0.999	0.999	0.998	0.998
	云南	1.000	1.000	1.000	0.998	0.999	0.999	0.998	0.998	0.998	0.998
	陕西	1.000	1.000	1.000	0.999	1.000	1.000	0.999	0.998	0.997	0.997
	甘肃	1.000	1.000	1.000	0.999	0.999	1.000	0.999	0.996	0.998	0.997
	青海	1.000	0.999	0.999	0.997	0.994	0.991	0.986	0.969	0.969	0.949
	宁夏	0.988	0.982	0.987	0.983	0.975	0.967	0.960	0.945	0.926	0.912
	新疆	0.999	0.997	0.997	0.994	0.995	0.993	0.985	0.982	0.979	0.980
	均值	0.998	0.997	0.998	0.996	0.995	0.993	0.991	0.987	0.984	0.981
全国均值		0.987	0.997	0.993	0.995	0.995	0.993	0.992	0.991	0.990	0.991

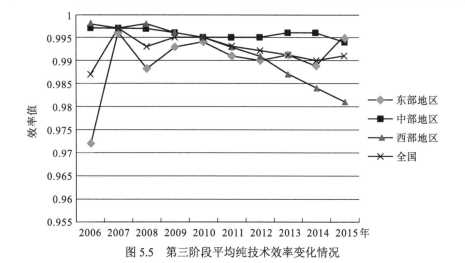

图 5.5　第三阶段平均纯技术效率变化情况

3.规模效率水平分析

从表 5.8 中各省、区、市规模效率水平来看，调整后的规模效率值达到 1 的省市数量较调整前有所变化，海南省和青海省的平均规模效率值 1 下降为非有效值省份，而北京、江苏和广东则从原来的非有效值提升为 1。同时，调整后的规模效率水平呈上升趋势，虽依旧低于调整前的水平值，但两者间的差值在不断缩小，但调整后的全国平均规模效率值明显低于其平均纯技术效率值。从图 5.6 的东部、中部、西部及全国规模效率值变化情况可知，东部、中部、西部及全国地区的平均规模效率水平均呈上升趋势。

表 5.8   2006～2015 年第三阶段各省(区、市)相同环境下的规模效率水平结果

地区	省(区、市)	2006 年	2007 年	2008 年	2009 年	2010 年	2011 年	2012 年	2013 年	2014 年	2015 年
东部地区	北京	0.994	0.989	0.998	1.000	1.000	0.986	0.991	0.998	1.000	1.000
	天津	0.960	0.957	0.968	0.984	0.970	0.972	0.961	0.957	0.957	0.970
	河北	0.569	0.609	0.659	0.675	0.701	0.691	0.716	0.736	0.741	0.743
	辽宁	0.556	0.592	0.620	0.642	0.700	0.750	0.770	0.793	0.790	0.762
	上海	0.899	0.899	0.868	0.931	0.943	0.963	0.962	0.977	0.986	0.993
	江苏	0.792	0.850	0.887	0.900	0.937	0.972	0.981	0.987	0.993	1.000
	浙江	0.876	0.908	0.932	0.934	0.964	0.973	0.981	0.986	0.989	0.994
	福建	0.855	0.901	0.905	0.905	0.913	0.923	0.916	0.916	0.929	0.934
	山东	0.727	0.802	0.855	0.867	0.901	0.934	0.950	0.962	0.966	0.974
	广东	0.805	0.882	0.913	0.924	0.946	1.000	0.998	1.000	1.000	1.000
	广西	0.568	0.613	0.639	0.660	0.674	0.843	0.839	0.849	0.848	0.856
	海南	1.000	1.000	0.995	0.994	0.994	0.973	0.976	0.974	0.973	0.996
	均值	0.800	0.834	0.853	0.868	0.887	0.915	0.920	0.928	0.931	0.935
中部地区	山西	0.500	0.526	0.551	0.578	0.612	0.654	0.664	0.670	0.660	0.639
	内蒙古	0.622	0.629	0.656	0.665	0.635	0.707	0.699	0.709	0.705	0.666
	吉林	0.810	0.821	0.823	0.815	0.837	0.839	0.863	0.863	0.857	0.853
	黑龙江	0.754	0.760	0.771	0.768	0.796	0.769	0.770	0.777	0.792	0.788
	安徽	0.765	0.783	0.795	0.805	0.840	0.843	0.852	0.868	0.864	0.860
	江西	0.765	0.779	0.797	0.803	0.825	0.821	0.830	0.836	0.848	0.841
	河南	0.597	0.655	0.713	0.723	0.774	0.824	0.834	0.837	0.847	0.845
	湖北	0.731	0.770	0.796	0.816	0.852	0.891	0.903	0.900	0.906	0.914
	湖南	0.607	0.647	0.693	0.712	0.769	0.857	0.883	0.871	0.876	0.882
	均值	0.683	0.708	0.733	0.743	0.771	0.801	0.811	0.815	0.817	0.810

续表

地区	省(区、市)	2006 年	2007 年	2008 年	2009 年	2010 年	2011 年	2012 年	2013 年	2014 年	2015 年
西部地区	重庆	0.853	0.857	0.867	0.860	0.869	0.913	0.919	0.926	0.932	0.936
	四川	0.608	0.661	0.709	0.738	0.757	0.858	0.893	0.896	0.899	0.900
	贵州	0.739	0.736	0.743	0.705	0.772	0.822	0.839	0.852	0.868	0.884
	云南	0.838	0.835	0.840	0.851	0.878	0.819	0.833	0.832	0.849	0.846
	陕西	0.783	0.790	0.801	0.838	0.856	0.850	0.858	0.857	0.860	0.857
	甘肃	0.863	0.881	0.885	0.872	0.876	0.865	0.879	0.888	0.882	0.878
	青海	1.000	0.981	0.980	0.983	0.975	0.910	0.905	0.903	0.902	0.879
	宁夏	0.949	0.928	0.934	0.946	0.909	0.899	0.904	0.906	0.915	0.921
	新疆	0.861	0.835	0.823	0.801	0.796	0.792	0.758	0.751	0.776	0.789
	均值	0.833	0.834	0.842	0.844	0.854	0.859	0.865	0.868	0.876	0.877
全国均值		0.775	0.796	0.814	0.823	0.842	0.864	0.871	0.876	0.880	0.880

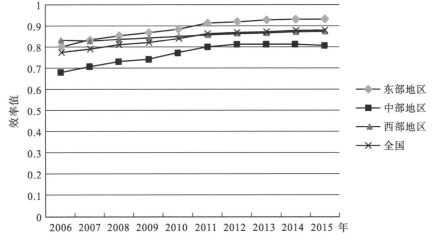

图 5.6　第三阶段平均规模效率值变化情况

4. 第一阶段与第三阶段的环境效率水平对比分析

从图 5.7 的第一阶段、第三阶段全国环境效率水平对比来看，调整前的规模效率水平远大于纯技术效率和环境效率水平，且纯技术效率及规模效率水平和变化趋势大体一致；而调整前的环境效率和规模效率水平则明显小于调整后的纯技术效率水平，且纯技术效率及规模效率的水平和变化趋势均呈一致性。由此可知，在剔除环境与随机因素的影响后，由于规模效率水平的不足，导致了综合环境效率水平的提升出现了困难，即意味着环境效率的提升受到规模效率水平不高的制约。

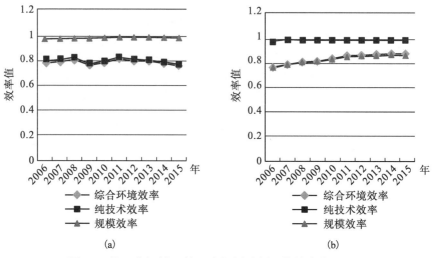

图 5.7　第一阶段(a)、第三阶段(b)全国环境效率水平对比

5. 环境绩效水平比较

从表 5.9 中环境绩效水平调整前后的比较来看，绝大部分省份处于规模收益递增行列，极少部分处于规模收益不变或递减行列。而对于规模收益不变的省份数量而言，调整后除了 2006 年、2009 年和 2014 年等于调整前数量、2007 年多于调整前数量之外，其余年份均少于调整前数量，但变化数量并不大。对于规模收益递增的省份数量而言，调整后除了 2006 年与 2009 年等于调整前数量、2007 年少于调整前数量外，其余年份均多于调整前数量。对于规模收益递减的省份数量而言，调整后除 2006~2010 年外，其余年份均少于调整前数量。这说明外部环境因素成了各省、区、市规模扩大的关键限制因素，大多省、区、市依旧可采取扩大要素投入规模的路径来实现环境效率状况的改善。此外，由历年数据显示可知，VRS 有效数在调整后的数据变化趋势更平缓；调整后的综合技术效率达到规模有效的省份数量整体变化不大，但各年份的综合技术效率却有明显上升，这说明调整前的环境和随机因素对环境绩效水平的影响较大。

表 5.9　调整前后环境绩效水平对比

年份	VRS 有效数		规模收益不变数(cons)		规模收益递增数(irs)		规模收益递减数(drs)	
	调整前	调整后	调整前	调整后	调整前	调整后	调整前	调整后
2006	2	2	2	2	28	28	0	0
2007	0	1	0	1	30	29	0	0
2008	3	0	4	0	26	30	0	0
2009	0	1	1	1	28	28	1	1
2010	1	1	3	1	26	28	1	1

续表

年份	VRS 有效数		规模收益不变数(cons)		规模收益递增数(irs)		规模收益递减数(drs)	
	调整前	调整后	调整前	调整后	调整前	调整后	调整前	调整后
2011	2	1	2	1	27	29	1	0
2012	0	0	2	0	25	30	3	0
2013	1	1	2	1	22	29	6	0
2014	1	2	2	2	21	28	7	0
2015	2	3	5	3	18	27	7	0

5.5 基于 Bootstrap 方法的环境效率调整前后比较分析

为了验证评价结果的稳健性，基于 Bootstrap 方法，利用 SPSS22.0 软件测算投入调整前后全国、东部、中部、西部区域各自的平均综合技术效率、平均纯技术效率和平均规模效率以及效率的置信区间，进一步提高效率测算的可靠性，此处设置 Bootstrap 次数设置为 1000。结果如表 5.10、表 5.11 和表 5.12 所示。

表 5.10 投入调整前后各经济区域综合技术效率均值及置信区间的对比情况

区域	调整后			调整前		
	均值	置信区间(90%)	置信区间(95%)	均值	置信区间(90%)	置信区间(95%)
东部	0.8780	[0.8515,0.9012]	[0.8452,0.9059]	0.8383	[0.8291,0.8471]	[0.8275,0.8486]
中部	0.7660	[0.7420,0.7893]	[0.7362,0.7921]	0.7435	[0.7285,0.7588]	[0.7260,0.7599]
西部	0.8480	[0.8423,0.8540]	[0.8411,0.8549]	0.7878	[0.7768,0.7980]	[0.7749,0.7996]
全国	0.8354	[0.8164,0.8540]	[0.8119,0.8565]	0.7908	[0.7813,0.8002]	[0.7800,0.8014]

表 5.11 投入调整前后各经济区域纯技术效率均值及置信区间的对比情况

区域	调整后			调整前		
	均值	置信区间(90%)	置信区间(95%)	均值	置信区间(90%)	置信区间(95%)
东部	0.9898	[0.9860,0.9927]	[0.9851,0.9931]	0.8471	[0.8367,0.8560]	[0.8350,0.8574]
中部	0.9958	[0.9953,0.9963]	[0.9952,0.9964]	0.7579	[0.7430,0.7734]	[0.7387,0.7758]
西部	0.9920	[0.9889,0.9949]	[0.9883,0.9953]	0.7878	[0.7771,0.7978]	[0.7747,0.7996]
全国	0.9922	[0.9908,0.9937]	[0.9904,0.9940]	0.8026	[0.7935,0.8118]	[0.7913,0.8123]

表 5.12 投入调整前后各经济区域规模效率均值及置信区间的对比情况

区域	调整后			调整前		
	均值	置信区间(90%)	置信区间(95%)	均值	置信区间(90%)	置信区间(95%)
东部	东部	0.8871	[0.8624,0.9098]	[0.8575,0.9127]	0.9895	[0.9879,0.9910]
中部	中部	0.7691	[0.7434,0.7924]	[0.7372,0.7962]	0.9805	[0.9778,0.9838]

区域		调整后			调整前		
		均值	置信区间(90%)	置信区间(95%)	均值	置信区间(90%)	置信区间(95%)
西部	西部	0.8551	[0.8466,0.8639]	[0.8458,0.8649]	0.9831	[0.9798,0.9862]
全国	全国	0.8421	[0.8232,0.8618]	[0.8157,0.8639]	0.9849	[0.9828,0.9869]

从表 5.10、表 5.11 和表 5.12 可以看出，全国环境绩效与平均纯技术效率在调整后有明显的上升，平均规模效率则明显下降，由此带来了我国环境的平均综合效率的变化，各个经济区域变化情况如下：

东部地区：排除环境与随机因素作用后，中国东部环境的平均综合效率在95%和 90%两种类型区间上变化均比较明显，即有明显的上升。东部地区平均纯技术效率均值从 0.8471 增加到 0.9898，平均规模效率值则由 0.9895 降到了0.8871。据此可得，该区域的纯技术效率的平均水平被低估了，相应的平均规模效率水平被高估了，进而区域的平均综合技术效率出现被低估的结果。此外，还可以看出环境变量对我国东部地区环境效率的影响主要体现在环境绩效的纯技术效率水平方面。

中部地区：排除环境与随机因素影响后，该地区的平均纯技术效率和平均规模效率均有所变动。平均纯技术效率由原来的 0.7579 上升到了 0.9958，平均规模效率则由 0.9805 下降至 0.7691，由此导致其平均综合效率从 0.7435 提高到了0.7660。据此可知，在环境变量的作用下，中部的纯技术效率的平均水平被低估，而平均规模效率水平则被高估，由此造成了中部地区的环境总效率水平被低估。由变化幅度大小可以看出，其环境变量对该经济区域的环境效率产生作用关键是通过作用于其纯技术效率来实现的。

西部地区：排除环境与随机因素作用后，西部地区的平均纯技术效率由原来的 0.7878 上升至 0.9920，其平均规模效率由 0.9831 下降至 0.8551，由此导致其平均综合效率从原来的 0.7878 增加到了 0.8480。依此易知，环境因素的作用使得此区域纯技术效率的平均水平出现被低估的结果，而规模效率相应的平均值被高估，由此使得此区域的综合效率的平均水平被低估。同理可知，环境变量对西部环境效率的影响也是主要通过纯技术效率水平来实现的。

从全国来看：剔除环境因素和随机因素影响后，全国平均综合效率明显提高，由 0.7908 上升到 0.8354，造成这一结果的原因在于三大经济区域的综合环境效率水平均受环境因素影响较大。

综上，环境变量对我国三大经济区域的环境绩效均有所影响，并主要是通过各经济区的纯技术效率影响各区域环境绩效水平。

5.6 本 章 小 结

本章采用三阶段 DEA 模型评价了我国各省、区、市 2006～2015 年的真实环境效率水平状况,剥离了外部环境因素和随机误差因素的影响。研究结果发现:①剔除随机误差因素和外部环境因素影响后,我国东部、中部、西部及全国各省、区、市的环境效率水平平均发生了较大的变化。调整后,全国的平均规模效率值远低于平均纯技术效率值,全国平均综合技术效率与其平均规模效率在发展水平及趋势上是一致的;全国、东部、中部和西部地区的平均纯技术效率都在不同程度上被低估,平均规模效率则在不同程度上被高估,但后者的幅度小于前者,这使得平均环境效率水平平均被低估。可见,环境因素和随机误差因素主要通过影响纯技术效率的方式来影响环境效率,此类因素的存在将会影响真实环境效率的测度,因此,采用三阶段 DEA 模型评价我国各省、区、市的环境效率是合理的。②我国三大区域的真实环境效率水平存在明显的空间不平衡现象。2006～2015 年,东部、中部和西部地区均呈上升趋势,东部、中部地区上升幅度较大,西部地区则呈缓慢上升趋势。2006～2007 年,环境效率值的大小依次为“西部地区＞东部地区＞中部地区”;2007～2015 年,环境效率值的大小依次为“东部地区＞西部地区＞中部地区”。③环境因素和随机误差因素对环境效率产生了显著影响。人口密度、实际人均 GDP 的增加,都会对环境产生不利的影响;城市化水平与外贸依存度的提高会对环境产生正影响;外资开放度、科技水平的增加会提高能源和资本的利用效率,产生节约现象,同时也会导致劳动力投入冗余的增加,从而产生浪费现象,对环境效率产生负影响;环境治理投资占比的上升能带来劳动力与资本利用效率提升,却无法实现能源利用效率的提升,环境治理投资明显滞后于环境污染,存在着被动治理的现象;第二产业比重的增加将会带来能源、劳动力及资本投入松弛变量的增加,造成浪费现象,对环境产生不利影响。④规模收益的变化受环境和随机因素的影响比较明显,绝大部分省份处于规模收益递增行列,极少部分省市处于规模收益不变或递减行列。

鉴于我国省级地区及全国的环境效率情况,本书提出以下六点政策建议:①优化产业结构。切实做好第二产业的节能减排、提质增效工程,提高产业科技创新能力,逐步实现以第二产业为主导向、以第三产业为主导的调整,优化产业结构比例,并借助“一带一路”倡议,积极实施产业转移。②适度增加环境污染治理投资规模,提高企业污染排放成本。转变“先污染后治理”模式,走“在发展中保护,在保护中发展”之路,实现发展与环保的双赢,推进生态文明建设。同时,鼓励企业发展以技术创新为核心的前端预防路径,从本质上提高能源使用效率,降低环境污染排放程度。③针对规模收益变化情况,不同省份应选择差异化的发展方式。对于我国规模收益处于递增的省市，可选择采取扩大要素投入规模的路径来实现其环境效率的改善；而对于调整后呈现出规模收益递减的地区，应优化其资源的合理配置，提高利用效率，走内涵式发展道路，从而提高其环境效率。④为实现能源的节约和污染排放的减量化，应大力提升企业技术创新能力与环境治理技术能力。具有自主创新能力的企业须积极开展能源高效利用技术、先进生产工艺、废弃物循环利用技术的研发与创新，加强环境污染治理的前端预防。缺乏自主创新的企业应积极引进先进设备和生产工艺，加强产学研合作，降低能耗，减少污染排放。⑤规划发展城市群，提高新型城镇化水平与环境治理效率。对于人口基数大、处于工业化中后期阶段的现实国情而言，发展城市群不仅可通过人口集聚和产业集聚，集中优势资源发展经济，还可以提高集中排污、集中治理效率，降低治污成本，实现城镇化和环境效率的共同改善。⑥进一步深化对外开放程度，提高外贸依存度。各地区应实施更加主动的开放战略，完善对外开放体制机制，增强外资引进力度，不断提升经济开放水平。

第6章 区域环境效率测度与影响因素分析

6.1 引　言

据公开资料显示，四川省 2016 年的 GDP 达到 32680.5 亿元，排名上升至全国第六位，同时，各地的城市化水平也在不断提高。但经济的快速发展带来了很多生态环境问题，如严重的雾霾天气、水体污染、固体废弃物污染等问题已经开始制约四川省经济社会的健康发展。一直以来，四川省各级政府都十分重视生态环境质量的改善与环境污染的治理。2015 年，二氧化硫、二氧化氮等主要污染物的排放量实现较大幅度削减，比 2010 年分别改善了 54.5%、10.3%；环境空气质量年平均达标天数比例达到 80.5%，空气质量得到持续改善。全省五大水系，出入川断面河流，城乡饮用水，地下水达标状况良好。但四川省的总体环境状况和严峻形势依然没有得到根本性改变，生态环境综合治理问题仍然是各级政府发展经济社会过程中的重要工作。为探究出资源过度消费及环境污染的主要原因，本章以四川省作为区域环境效率的研究对象，在绿色发展的约束下准确有效的测度区域真实环境效率水平、变化趋势及差异性等，并分析区域环境效率的影响因素，以此找出相应的环境治理路径，促进区域经济社会的健康发展。

6.2　变量的选取及数据获取

6.2.1　变量的选取

根据本章研究的需要，此处针对区域投入变量、产出变量和环境变量进行详细地阐述和说明。

1. 投入变量

根据第 5 章相关研究综述及变量的选取方法，本章也将投入变量设置为以下三项：①能源投入。该指标用区域历年的能源消费总量表示，包括煤炭、石油、天然气、电力等能源消费。②劳动投入。在衡量劳动投入时，虽然有效劳动投入是比劳动力人数更好的度量指标，但考虑到数据的可获得性，此处采用历年从业人数作为劳动投入量指标。③资本投入。由于区域各级政府对基期资本数据没有进行过官方统计，而且各学者在处理此问题时所采用的方法和计算结果均有所不同，为使研究更加客观化，选取区域全部固定资产投资总额作为资本投入指标。

2. 产出变量

产出不仅包括期望产出，还包括非期望产出，即所谓的"好"的产出与"坏"的产出。借鉴相关研究成果，并考虑到数据的可获得性，本章将期望产出变量设置为 GDP，非期望产出变量设置为工业"三废"排放量，即工业废水排放量、工业废气排放量以及工业粉尘排放量。在运用 DEA 模型评价环境效率时，均要求每一个决策单元的输入、输出值必须是正值。而模型中若有非期望产出指标时，往往会导致该方法失灵。因此，须采用污染物投入处理法、数据转换函数处理法、曲线测度评价法和方向距离函数法对非期望产出进行特殊处理。根据实际研究的需要，此处选择数据转换函数处理法，它包括负产出、线性数据转换和非线性数据转换三种方法，其中，线性数据转换方法具有较大的便利和优势。因此，本章选用该方法对环境污染物等非期望产出指标进行特殊处理。具体做法为：运用线性数据转换函数（$Y_i' = -Y_i + C$）对环境污染物进行转化，同时选取 C 值为样本地区最大值的 1.1 倍，以保证所有转换后的输出数据均为正值。

3. 环境变量

学术界对环境效率的影响因素还没有形成一致的研究结果，但普遍认为对外贸易、产业结构和地区经济水平等变量对环境效率存在着较大影响。此处考察以下因素对区域环境绩效可能产生的影响：①人口密度。用人口总数与地方行政区域面积之比表示。②实际人均 GDP。以某一年为基期进行 CPI 折算的人均 GDP 表示。③城市化水平。用地方城镇人口占常驻总人口之比表示。④外贸依存度。用地方进出口总额占地方 GDP 的比值表示；⑤第二产业增加值占比。用第二产业增加值与地方 GDP 总数之比表示。⑥城市用地。用城镇规划面积与行政区域面积之比表示。

6.2.2　数据的获取及处理

变量数据的获取均来自除阿坝、甘孜、凉山地区以外的其他 18 个市和四川省 2005～2014 年的统计年鉴。所选取变量的数据均来源于历年《四川统计年鉴》、各地区统计年鉴。运用 Afonso 等(2006)提出来的无量纲化数据处理方法，求得均值为 1 的无量纲子指标。其标准化处理后的统计性描述分析结果如表 6.1 所示，可以看出各个指标的地区差异现象较为严重。

表 6.1 标准化处理后的各变量描述性统计结果

变量分类	指标情况	样本量	均值	标准差	最小值	最大值
投入变量	能源消费	162	1	0.8397	0.1580	5.6188
	就业人口	162	1	0.5942	0.2553	3.5036
	实际固定资产投资	162	1	1.5707	0.1036	10.5220
产出变量	SO$_2$排放量	162	1	0.8259	0.0408	3.1529
	工业废水排放量	162	1	0.9642	0.0460	6.4533
	工业粉尘排放量	162	1	1.1577	0.0299	9.2471
	GDP	162	1	1.4400	0.1495	10.7641
环境变量	人口密度	162	1	0.4890	0.2014	2.0093
	实际人均 GDP	162	1	0.5734	0.2669	3.1132
	城市化水平	162	1	0.4423	0.5100	2.3922
	外贸依存度	162	1	1.1725	0.0275	6.4077
	第二产业增加值占比	162	1	0.2068	0.3736	1.5171
	城市用地	162	1	1.0851	0.1126	5.9375

从表 6.1 中可以看出，各变量之间的最大值与最小值之间的差距均比较大。其中变化最大的变量是实际固定资产投资，标准差为 1.5707，最大值为 10.5220，最小值为 0.1036，相差约 101 倍;其次是 GDP，标准差为 1.44，最大值为 10.7641，最小值为 0.1495，相差约 72 倍;变化最小的变量是第二产业增加值占比，标准差为 0.2068，最大值为 1.5171，最小值为 0.3736，相差约 3 倍。其余变量的最大值均高出最小值 3 倍以上。这也间接地说明了各个指标的地区差异现象较为严重。

6.3 实 证 分 析

6.3.1 第一阶段 DEA 实证结果

采用第 5 章中三阶段 DEA 模型的度量操作步骤和方法，利用 DEAP2.1 软件对区域 2005～2013 年的环境效率水平进行测算，结果如表 6.2 所示。由表 6.2 可以看出，在不考虑外部环境因素和随机因素的情况下，区域环境综合技术效率平均值在波动中略有上升。对比 2005 年和 2013 年各地区的环境效率值，环境绩效水平处于技术效率前沿面的市数量均为 5 个。截至 2013 年底，攀枝花、雅安、自贡依旧处于技术效率前沿面;巴中、广元、南充、遂宁、资阳的综合技术效率水平均有不同程度地下降，其中，巴中和资阳的环境效率值分别从 1 下降至

0.899 和 0.955；其他十个市的环境绩效水平值均有所提升，其中，成都、德阳的环境效率值分别从 0.795、0.954 上升至 1，处于技术效率前沿面。

表 6.2　2005～2013 年四川省各市第一阶段环境绩效水平

地区	2005 年	2006 年	2007 年	2008 年	2009 年	2010 年	2011 年	2012 年	2013 年
巴中市	1.000	0.988	0.970	0.958	0.918	0.919	0.892	0.887	0.899
成都市	0.795	0.770	0.793	0.796	0.818	0.845	0.919	0.954	1.000
达州市	0.546	0.552	0.563	0.557	0.538	0.583	0.671	0.674	0.660
德阳市	0.954	1.000	1.000	1.000	0.657	0.829	0.920	1.000	1.000
广安市	0.595	0.606	0.619	0.706	0.640	0.632	0.700	0.705	0.685
广元市	0.926	0.877	0.858	0.808	0.758	0.765	0.755	0.784	0.796
乐山市	0.607	0.612	0.663	0.771	0.667	0.689	0.828	0.870	0.847
眉山市	0.704	0.679	0.683	0.715	0.658	0.686	0.764	0.764	0.762
绵阳市	0.806	0.823	0.845	0.801	0.585	0.647	0.720	0.826	0.822
南充市	0.808	0.826	0.877	0.845	0.746	0.752	0.827	0.836	0.805
内江市	0.710	0.729	0.793	0.815	0.744	0.788	0.970	1.000	0.970
攀枝花市	1.000	0.986	0.981	1.000	1.000	1.000	0.995	1.000	1.000
遂宁市	0.955	0.906	0.856	0.788	0.703	0.718	0.782	0.793	0.805
雅安市	1.000	0.988	0.988	1.000	1.000	0.998	1.000	0.995	1.000
宜宾市	0.746	0.740	0.802	0.820	0.768	0.770	0.827	0.828	0.791
资阳市	1.000	0.992	1.000	0.995	0.939	0.910	0.995	0.998	0.955
自贡市	1.000	1.000	0.997	0.978	0.906	0.904	1.000	1.000	1.000
泸州市	0.757	0.777	0.795	0.794	0.738	0.744	0.802	0.811	0.783
全省	0.828	0.825	0.838	0.842	0.766	0.788	0.854	0.874	0.866

从表 6.3 各地区的纯技术效率水平来看，区域平均纯技术效率呈波动上升趋势。纯技术效率为 1 的地区数量从 2005 年的 6 个递增到 2013 年的 9 个，纯技术效率达到有效值的市占比上升了 50%。截至 2013 年，巴中、攀枝花、遂宁、雅安、资阳、自贡的纯技术效率值为 1，依旧等于 2005 年的纯技术水平；其他市的纯技术效率水平均呈现不同程度的上升趋势，其中，成都、德阳、广元的纯技术效率分别从 2005 年的 0.8、0.962、0.975 提升至 1。

表 6.3　2005～2013 年四川省各市第一阶段环境纯技术效率水平

地区	2005 年	2006 年	2007 年	2008 年	2009 年	2010 年	2011 年	2012 年	2013 年
巴中市	1.000	1.000	1.000	0.972	0.944	0.957	1.000	1.000	1.000
成都市	0.800	0.770	0.794	0.797	0.821	0.847	0.926	0.954	1.000

续表

地区	2005 年	2006 年	2007 年	2008 年	2009 年	2010 年	2011 年	2012 年	2013 年
达州市	0.552	0.563	0.564	0.561	0.538	0.583	0.708	1.000	0.725
德阳市	0.962	1.000	1.000	1.000	0.678	0.831	0.921	1.000	1.000
广安市	0.622	0.727	0.639	0.720	0.659	0.633	0.767	0.731	0.689
广元市	0.975	0.888	0.875	0.817	0.763	0.769	0.790	1.000	1.000
乐山市	0.645	0.634	0.682	0.780	0.684	0.696	0.843	0.893	0.882
眉山市	0.709	0.686	0.691	0.720	0.662	0.693	0.765	0.770	0.764
绵阳市	0.807	0.824	0.847	0.803	0.591	0.653	0.726	0.839	0.830
南充市	0.810	0.921	1.000	1.000	1.000	1.000	0.830	0.843	0.891
内江市	0.738	0.740	0.793	0.838	0.753	0.793	0.984	1.000	0.974
攀枝花市	1.000	1.000	1.000	1.000	1.000	1.000	1.000	1.000	1.000
遂宁市	1.000	1.000	0.928	1.000	0.706	1.000	0.829	0.880	1.000
雅安市	1.000	1.000	1.000	1.000	1.000	1.000	1.000	1.000	1.000
宜宾市	0.747	0.744	0.810	0.828	0.773	0.773	0.837	0.850	0.795
资阳市	1.000	0.992	1.000	0.999	0.939	0.910	1.000	1.000	1.000
自贡市	1.000	1.000	1.000	1.000	0.907	0.906	1.000	1.000	1.000
泸州市	0.758	0.779	0.797	0.794	0.739	0.746	0.803	0.813	0.783
全省	0.840	0.848	0.857	0.868	0.787	0.822	0.874	0.921	0.907

　　从表 6.4 的规模效率水平来看，各地区的平均规模效率水平均比较高，呈现波动下降趋势，但波动幅度很小，大都处于 0.950 之上。对于规模有效值为 1 的地区数量来讲，呈现先减少后增加的现象，截至 2013 年，数量达到 6 个。巴中、达州、广元、绵阳、南充、遂宁、宜宾、资阳的规模效率水平均有不同程度的降低，其中，巴中和资阳的规模效率水平分别从 2005 年的有效值 1 下降至 0.899 和 0.955；雅安、攀枝花、自贡的规模效率水平依旧保持为有效值 1；成都、德阳、广安、乐山、眉山、内江、泸州的规模效率水平则有所增加。

表 6.4　2005～2013 年四川省各市第一阶段的环境规模效率水平

地区	2005 年	2006 年	2007 年	2008 年	2009 年	2010 年	2011 年	2012 年	2013 年
巴中市	1.000	0.988	0.970	0.985	0.973	0.961	0.892	0.887	0.899
成都市	0.994	0.999	0.999	0.999	0.996	0.998	0.993	1.000	1.000
达州市	0.990	0.981	0.998	0.993	0.999	0.999	0.948	0.674	0.911
德阳市	0.991	1.000	1.000	1.000	0.970	0.997	0.998	1.000	1.000
广安市	0.956	0.834	0.970	0.980	0.971	0.999	0.912	0.964	0.995
广元市	0.949	0.988	0.981	0.989	0.993	0.995	0.955	0.784	0.796

地区	2005 年	2006 年	2007 年	2008 年	2009 年	2010 年	2011 年	2012 年	2013 年
乐山市	0.942	0.965	0.973	0.989	0.975	0.989	0.982	0.974	0.960
眉山市	0.993	0.990	0.990	0.993	0.993	0.990	0.999	0.992	0.998
绵阳市	0.999	1.000	0.998	0.997	0.991	0.992	0.992	0.985	0.990
南充市	0.998	0.897	0.877	0.845	0.746	0.752	0.997	0.992	0.903
内江市	0.961	0.985	0.999	0.972	0.989	0.994	0.985	1.000	0.996
攀枝花市	1.000	0.986	0.981	1.000	1.000	1.000	0.995	1.000	1.000
遂宁市	0.955	0.906	0.922	0.788	0.996	0.718	0.944	0.901	0.805
雅安市	1.000	0.988	0.988	1.000	1.000	0.998	1.000	0.995	1.000
宜宾市	0.999	0.994	0.990	0.990	0.993	0.996	0.988	0.974	0.995
资阳市	1.000	1.000	1.000	0.996	0.999	1.000	0.995	0.998	0.955
自贡市	1.000	1.000	0.997	0.978	0.999	0.998	1.000	1.000	1.000
泸州市	0.999	0.997	0.998	0.999	0.999	0.998	0.999	0.998	1.000
全省	0.985	0.972	0.980	0.972	0.977	0.965	0.976	0.951	0.956

从上面的分析可以看出，各地区平均规模效率值和纯技术效率值差异明显，且规模效率值一般要大于纯技术效率值，这说明限制四川省各市环境效率提升的主要原因在于纯技术效率水平不高。由表 6.2、表 6.3 和表 6.4 可知，截至 2013 年，除成都、德阳、攀枝花、雅安和自贡的综合技术效率、纯技术效率和规模效率值均达到有效值 1 外，其他各市则分别在纯技术效率和规模效率方面存在不同程度的可改进空间。在 18 个地级市中，巴中、成都、德阳、内江、攀枝花、资阳、自贡等 7 个地区的环境效率值高于区域平均综合绩效水平，其余城市的综合绩效水平均低于四川省的平均水平。

由于此阶段的环境效率结果无法排除环境和随机因素的影响，因此，该实证结果不能反映区域真实环境效率水平，需要进一步调整和测算。

6.3.2　第二阶段 SFA 回归结果

在 DEA 分析的第二阶段，运用 SFA 模型分解出环境因素、随机误差和管理无效率对环境效率的影响程度，调整各地区的原始投入值，可得到相同管理环境下的环境绩效水平。为了考察投入松弛变量受环境变量的影响情况，将第一阶段中各投入变量的松弛变量看作被解释变量，将人口密度、实际人均 GDP、城市化水平、外贸依存度、第二产业增加值占比、城市规模等环境变量看作解释变量。利用 Frontier 4.1 软件工具分析可得到 SFA 回归结果，具体情况如表 6.5 所示。从表 6.5 可以看出，三个投入变量的松弛变量的 γ 值均比较高，分别为

0.999963、0.999770 和 0.999999，且均通过了 1%的显著性水平检验，这充分说明了管理因素对环境效率的影响占据主导地位，区域环境因素也存在着一定的影响。因此，应进一步将管理因素和随机因素剥离分析。

表 6.5　第二阶段 SFA 回归结果

控制变量	能源投入	劳动投入	资本投入
常数项	−28.348 204** (−2.068 528)	−9.531 895** (−2.123 736)	−8.614 233*** (−4.337 870)
人口密度	0.042 357* (1.833 482)	−0.048 567*** (−7.138 719)	−0.091 957*** (−43.673 311)
实际人均 GDP	−0.000 654** (−2.422 662)	−0.003 748*** (−36.712 166)	−0.006 006*** (−25.568 498)
城市化水平	−68.248 254*** (−13.742 734)	42.242 714** (1.985 472)	−135.390 52*** (−86.584 964)
外贸依存度	58.062 998*** (3.239 826)	85.522 801*** (6.291 496)	216.708 06*** (59.156 769)
第二产业增加值占比	32.722 254*** (9.028 941)	70.990 383** (2.170 601)	180.386 35*** (23.874 121)
城市规模	105.668 54*** (103.285 58)	2 970.441 8*** (1 883.390 6)	6 834.322 2*** (6 553.138 2)
σ^2	107 540.32*** (10 7515.2)	6 192.884 3*** (10 356.182)	20 508.44*** (20 476.318)
γ	0.999 963*** (33 234.217)	0.999 770*** (631.543 14)	0.999 999*** (209 509.2)

注：所列数值为回归系数估计值；***表示 1%显著水平下显著，**表示 5%显著水平下显著，*表示 10%显著水平下显著。

当回归系数为正值时，增加环境变量值，将会使投入松弛变量增加或产出减少，导致浪费增加，对环境效率产生负影响，反之亦然。下面逐一分析 6 个环境变量对环境效率的影响。

（1）**人口密度**。从表 6.5 可以看出，人口密度对劳动力和资本投入的松弛变量的回归系数为负值，且均通过了 1%显著水平检验，对能源投入的松弛变量回归系数为正值，也通过了 10%显著水平检验，这意味着人口密度的增加将会使得劳动力和资本产生节约，对环境产生正影响，却带来了能源消费利用效率的降低，从而产生浪费现象，对环境产生负影响。

（2）**实际人均 GDP**。数据表明，实际人均 GDP 与能源、劳动力、资本三大投入的松弛变量的回归系数均为负值，且与前者通过了 5%显著水平检验，与后两者均通过了 1%显著水平检验，这表明实际人均 GDP 的增加将会使得能源、劳动力及资本投入松弛变量的减少，促进环境效率的提升。随着人均 GDP 的增加，人们对生活质量的追求越来越高，同时也越来越重视环境的保护，由此带来了能源、劳动力、资本投入的利用效率的提高，从而产生节约现象，对环境带来正的影响。但实际人均 GDP 每增长一个百分点，对能源、资本和劳动力的节约则微乎其微，意味着实际人均 GDP 的增长对区域环境效率的影响不是很大，这充分说明了人们对环境保护的重视程度还是不够的。

(3) **城市化水平**。根据表 6.5 的回归结果可知，城市化水平与能源、资本投入的松弛变量的回归系数为负值，且均通过了 1%显著水平检验，与劳动力投入松弛变量的回归系数为正值，并通过了 5%显著水平检验，这说明城市化水平的提高带来了能源和资本投入松弛变量的节约，但造成了劳动力松弛变量的浪费。这意味着随着城市化水平的不断提高，能源和资本得到了更加充分的利用，而当大量农村人口流入城市时，并不意味着劳动力利用效率将会获得相应的提高，相反，可能出现浪费现象，对环境效率产生负影响。

(4) **外贸依存度**。由表 6.5 可以看出，外贸依存度对能源、劳动力及资本的投入松弛变量的回归系数均为正值，且均通过了 1%显著水平检验，表明外贸依存度的增加对资本、劳动和能源三大投入松弛变量产生浪费，降低了环境效率水平。区域各级政府虽然在推行贸易自由化过程中，通过招商引资引进了很多国外企业，特别是污染严重的企业不断向区域内投资，由于环境规制政策与技术都还不够完善，虽然经济带来了增长，但污染越来越严重，环境效率随之下降。同时可能是因为加工贸易比重在不断上升，但由于企业缺乏自主研发能力，企业产品层次不高，附加值较低，致使资本、劳动和能源的利用效率不高，对环境效率产生负影响。

(5) **第二产业增加值占比**。数据显示，第二产业增加值占比与三大投入松弛变量的回归系数均为正值，且均在 1%水平下显著，这说明第二产业增加值占比的增加将会使能源、劳动力及资本投入松弛变量的增加，产生浪费现象。这充分说明了区域工业的快速发展是以环境损耗为代价的，资源过度开发、废弃物大量排放必然给环境带来较大的负面作用，极大的限制环境效率的提升。

(6) **城市规模**。如表 6.5 所示，城市规模与能源、劳动力及资本投入的松弛变量之间的回归系数都为正值，且均在 1%水平下显著，这说明城市规模的增加，将会带来能源、劳动力及资本投入松弛变量的增加，对环境效率产生负影响。从较大的回归系数来看，区域内主要以中小城市居多，大城市较少，城市分布较为分散，聚集和辐射作用较弱，加上技术与经济水平不高，环保投入较低，即使提高了城市规模，对区域环境效率的提升也非常有限。

总之，区域内各投入变量受环境变量的影响是不完全相同的。由于不同的外部环境因素的影响，环境效率水平表现出较大的偏差，因此，为了测度区域真实环境效率水平，有必要剔除环境因素和随机因素的影响，使区域各地区都处于同样的外部环境条件下。

6.3.3　第三阶段 DEA 实证结果

1. 综合环境效率分析

根据第 5 章式(5.4)调整投入变量和原始产出变量,并将其再次代入 BCC 模型进行分析,借助 DEAP 2.1 软件可测算出 2005~2013 年区域内各地区在相同环境下的环境效率水平,如表 6.6 所示。

表 6.6　2005~2013 年四川省各市第三阶段的环境绩效水平

地区	2005 年	2006 年	2007 年	2008 年	2009 年	2010 年	2011 年	2012 年	2013 年
巴中市	1.000	1.000	1.000	0.999	0.999	1.000	1.000	0.998	1.000
成都市	0.834	0.864	0.913	0.946	0.959	0.983	0.974	0.997	1.000
达州市	0.977	0.953	0.974	1.000	0.992	0.995	1.000	0.889	1.000
德阳市	0.989	0.997	1.000	1.000	0.993	1.000	0.984	0.998	1.000
广安市	0.990	0.993	0.999	1.000	0.974	0.965	0.999	0.999	0.970
广元市	0.934	0.926	0.900	0.951	0.970	0.971	0.999	0.954	0.961
乐山市	0.786	0.801	0.726	0.907	0.917	0.941	0.953	0.981	0.983
眉山市	0.861	0.953	0.941	0.942	0.953	0.938	0.983	0.948	0.989
绵阳市	0.918	0.956	0.964	0.964	0.945	0.947	0.962	0.995	0.996
南充市	0.981	1.000	1.000	0.980	0.914	0.893	0.989	1.000	0.980
内江市	0.932	0.909	0.965	0.998	0.952	0.997	1.000	1.000	0.997
攀枝花市	1.000	1.000	1.000	1.000	1.000	1.000	1.000	1.000	1.000
遂宁市	1.000	0.990	0.993	0.945	0.990	0.903	0.991	0.979	0.936
雅安市	1.000	1.000	1.000	1.000	1.000	1.000	0.998	1.000	1.000
宜宾市	0.798	0.837	0.883	0.983	0.990	0.992	0.968	0.978	0.980
资阳市	0.969	0.977	0.979	0.987	0.985	0.987	1.000	1.000	0.992
自贡市	0.988	1.000	1.000	0.999	0.998	0.935	1.000	1.000	1.000
泸州市	0.944	0.958	0.961	0.972	0.981	0.979	0.979	0.984	0.994
全省	0.939	0.951	0.955	0.976	0.973	0.968	0.988	0.983	0.988

从表 6.6 可知,剔除环境因素和随机因素的影响后,区域内各地区的环境效率水平均有不同程度的提高,这意味着环境效率值被低估了。从达到技术有效前沿面的地区数量来看,各年调整后的数量比调整前均有明显增加,如在 2013 年,由调整前的 5 个(成都、德阳、攀枝花、雅安、自贡)变为调整后的 7 个(巴中、成都、达州、德阳、攀枝花、雅安、自贡)。

2.纯技术效率分析

从表 6.7 可以看出，排除环境和随机因素的影响后，区域各地区纯技术效率水平均有大幅度的提升，达到规模有效值 1 的地区数量急剧增加，如在 2005 年，有 13 个地区的规模有效值达到 1，而在 2012 年和 2013 年，甚至出现区域 18 个地区的纯技术效率均达到 1 的情况。此外，从全省平均纯技术效率角度来看，四川省调整后的水平值远高于调整前的水平值，且均在 0.984 之上。这也说明了四川省及各市的纯技术效率值被低估了。

表 6.7　2005～2013 年四川省各市第三阶段的纯技术效率水平

地区	2005 年	2006 年	2007 年	2008 年	2009 年	2010 年	2011 年	2012 年	2013 年
巴中市	1.000	1.000	1.000	1.000	1.000	1.000	1.000	1.000	1.000
成都市	1.000	0.966	0.969	0.991	1.000	1.000	0.981	1.000	1.000
达州市	1.000	1.000	1.000	1.000	1.000	1.000	1.000	1.000	1.000
德阳市	1.000	1.000	1.000	1.000	1.000	1.000	1.000	1.000	1.000
广安市	0.994	1.000	1.000	1.000	0.974	0.968	1.000	1.000	1.000
广元市	0.993	0.984	0.984	1.000	1.000	1.000	1.000	1.000	1.000
乐山市	0.967	0.914	0.826	1.000	1.000	1.000	1.000	1.000	1.000
眉山市	0.919	1.000	1.000	1.000	1.000	1.000	1.000	1.000	1.000
绵阳市	1.000	1.000	1.000	1.000	1.000	1.000	1.000	1.000	1.000
南充市	1.000	1.000	1.000	1.000	1.000	1.000	1.000	1.000	1.000
内江市	1.000	1.000	1.000	1.000	0.963	0.998	1.000	1.000	1.000
攀枝花市	1.000	1.000	1.000	1.000	1.000	1.000	1.000	1.000	1.000
遂宁市	1.000	1.000	1.000	1.000	1.000	1.000	1.000	1.000	1.000
雅安市	1.000	1.000	1.000	1.000	1.000	1.000	1.000	1.000	1.000
宜宾市	0.944	0.925	0.928	1.000	1.000	1.000	1.000	1.000	1.000
资阳市	1.000	1.000	1.000	1.000	1.000	1.000	1.000	1.000	1.000
自贡市	1.000	1.000	1.000	1.000	1.000	0.957	1.000	1.000	1.000
泸州市	1.000	1.000	1.000	1.000	1.000	1.000	1.000	1.000	1.000
全省	0.990	0.988	0.984	1.000	0.997	0.996	0.999	1.000	1.000

3.规模效率分析

从表 6.8 可知，各地区调整后的规模效率水平与调整前相比，除规模效率值达到有效值 1 的地区数量有所增加外，其他变化均不大。从全省平均规模效率水平来讲，调整前后差异并不大。这说明了环境因素和随机因素对规模效率的影响不太显著。

表 6.8 2005～2013 年四川省各市第三阶段的规模效率水平

地区	2005 年	2006 年	2007 年	2008 年	2009 年	2010 年	2011 年	2012 年	2013 年
巴中市	1.000	1.000	1.000	0.999	0.999	1.000	1.000	0.998	1.000
成都市	0.834	0.894	0.942	0.954	0.959	0.983	0.993	0.997	1.000
达州市	0.977	0.953	0.974	1.000	0.992	0.995	1.000	0.889	1.000
德阳市	0.989	0.997	1.000	1.000	0.993	1.000	0.984	0.998	1.000
广安市	0.996	0.993	0.999	1.000	1.000	0.997	0.999	0.999	0.970
广元市	0.940	0.941	0.914	0.951	0.970	0.971	0.999	0.954	0.961
乐山市	0.813	0.876	0.879	0.907	0.917	0.941	0.953	0.981	0.983
眉山市	0.937	0.953	0.941	0.942	0.953	0.938	0.983	0.948	0.989
绵阳市	0.918	0.956	0.964	0.964	0.945	0.947	0.962	0.995	0.996
南充市	0.981	1.000	1.000	0.980	0.914	0.893	0.989	1.000	0.980
内江市	0.932	0.909	0.965	0.998	0.989	0.999	1.000	1.000	0.997
攀枝花市	1.000	1.000	1.000	1.000	1.000	1.000	1.000	1.000	1.000
遂宁市	1.000	1.000	0.993	0.945	0.990	0.903	0.991	0.979	0.936
雅安市	1.000	1.000	1.000	1.000	1.000	1.000	0.998	1.000	1.000
宜宾市	0.845	0.905	0.951	0.983	0.990	0.992	0.968	0.978	0.980
资阳市	0.969	0.977	0.979	0.987	0.985	0.987	1.000	1.000	0.992
自贡市	0.988	1.000	1.000	0.999	0.998	0.977	1.000	1.000	1.000
泸州市	0.944	0.958	0.961	0.972	0.981	0.979	0.979	0.984	0.994
全省	0.948	0.961	0.970	0.977	0.976	0.972	0.989	0.983	0.988

4. 第一阶段与第三阶段的环境效率水平对比分析

图 6.1 为区域平均综合技术效率调整前后的对比情况,从图中可知,在排除环境和随机影响因素后,第三阶段的平均综合技术效率水平要高于第一阶段的水平值。而且第一阶段与第三阶段的平均综合技术效率都呈波动上升的趋势,但第一阶段的波动幅度明显大于第三阶段。这说明了由于受环境因素和随机因素的影响,第一阶段的综合技术效率值被低估了。

从图 6.2 的纯技术效率前后对比来看,调整后的第三阶段纯技术效率值均要大于调整前第一阶段的纯技术效率值,可见区域纯技术效率水平被低估了。此外,调整后第三阶段纯技术效率水平变化并不明显,基本达到了有效值 1 的水平,这与区域内大部分地区的纯技术效率水平值达到了 1 的情况不无关系。从规模效率变化情况来看,在剔除环境因素和随机因素影响后,第三阶段全省平均规模效率水平与第一阶段的规模效率水平相差不大,基本处于同一水平。这说明了环境因素和随机因素对环境绩效水平的影响主要是通过影响其纯技术效率水平来实现的。

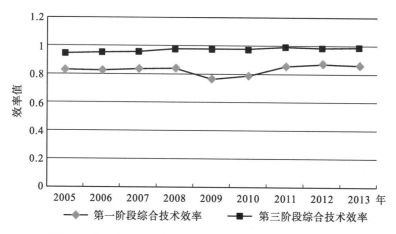

图 6.1   第一阶段与第三阶段区域综合环境效率值变化情况

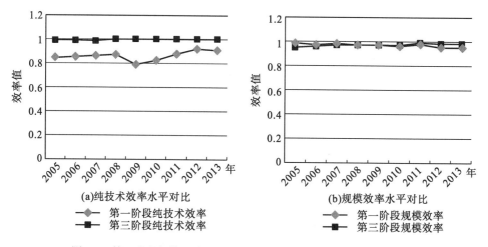

图 6.2   第一阶段与第三阶段区域纯技术效率值及规模效率变化情况

从表 6.9 的规模收益对比情况来看，调整后处于规模收益递增(irs)的地区数量大幅增加，尤其是 2013 年，从原来的 1 个增加至 7 个，其余年份则均保持在 7 个以上，即调整后每年约有 39%以上的市(州)处于规模收益递增状态。而处于规模效益递减(drs)的市数量则在大幅减少，特别是在 2007 年，由调整前的 10 个下降至调整后的 2 个。由此可知，环境因素和随机因素是各地区规模收益扩大的主要障碍，大部分地区依然能通过扩大要素投入规模来实现环境效率的提高；而对于调整前后均处于规模收益递减状态的地区，则应将重心放在提高资源的合理配置和利用效率上，走内涵式发展道路，以此来实现环境效率的提高。

表 6.9　调整前后环境绩效水平对比

年份	VRS 有效数		cons		irs		drs	
	调整前	调整后	调整前	调整后	调整前	调整后	调整前	调整后
2005	5	4	5	4	8	14	5	0
2006	2	5	4	5	6	11	8	2
2007	2	6	3	6	5	10	10	2
2008	3	5	3	5	5	10	10	3
2009	2	2	2	3	8	12	8	2
2010	1	4	3	4	8	12	7	2
2011	2	6	3	6	2	10	13	2
2012	4	6	5	6	2	7	11	5
2013	5	7	6	7	1	7	11	4

6.4　本 章 小 结

　　本章运用三阶段 DEA 模型对四川省及各市 2005～2013 年的环境效率真实水平进行了测算，研究结果表明：①环境变量对区域环境效率有显著影响。实际人均 GDP 的增加会导致能源、劳动力和资本投入松弛变量的减少，促进环境效率的提升，但这种减少量微乎其微，意味着人们对环境保护的重视程度还不够；外贸依存度、第二产业增加值占比、城市规模的增加将造成资本、劳动力、能源投入松弛变量的增加，对环境效率的提升产生不利影响；人口密度的增加使得劳动力和资本产生节约，对环境效率产生正影响，却带来了能源消费利用效率的降低，从而产生浪费现象；城市化水平提高了能源和资本的利用效率，对环境效率产生正影响，却降低了劳动力利用效率。②在剥离环境因素和随机因素影响的情况下，区域内各地区环境效率均发生了明显的变化。在规模效率水平变化不大的情况下，纯技术效率水平则有大幅度提高，从而带来了各地区综合技术效率水平的提高，这意味着区域平均环境效率和平均纯技术效率均被低估了，环境效率的变化主要通过环境和随机因素对纯技术效率的影响引起的。③环境因素和随机因素对规模收益的变化有着较大的影响。因为，在调整后，处于规模收益递增的地区数量大幅增加，而处于规模效益递减的地区数量则在大幅减少，这表明了规模收益受环境因素和随机因素的影响较为明显。

　　基于前面的实证分析及研究结论，本章提出以下建议：①优化外商投资环境与引资结构。依赖各地区的软实力吸引外资，提高外资进入门槛，限制高能耗、高排放、高污染的外资项目，鼓励技术创新能力较高的外资企业进入环保、清洁生产领域与现代物流、文化教育等服务业领域。同时增强出口企业的自主研发及技术创新能力，增加出口产品的附加值，限制环境污染较大的出口企业产品的生产，提升资源的利用效率，扭转外贸依存度对环境效率的负影响。②优化产业结构，走新型工业化道路。增加科技体制、机制改革力度，提升产业自主创新能力，降低第二产业比重，加快培育壮大现代服务业，优化产业组织结构，完善现代产业分工协作体系。同时积极转变高投入、高消耗、高污染的传统经济增长方式，大力推行清洁生产与循环经济，走绿色发展的新型工业化道路。③因地制宜，差异化地选择发展模式。对于调整后处于规模收益递增的地区，可增加投入规模提升环境效率；而对于调整前后均处于规模收益递减的地区，则要优化其投入资源的合理配置，提高利用效率，实现劳动密集型向技术、资本密集型的集约化模式转变，走内涵式发展道路，以此来提升自身环境效率水平。④优化城市发展路径。一是依托周边大城市，完善小城市的基础设施建设、改革土地、社会保障等制度，促进小城市扩大城市规模；以资源节约、环境保护为前提努力推进中型城市的适度规模化；限制超大城市的发展，通过新区建设，完善公共资源配置，引导人口向郊区转移，同时可建立以大城市为中心的城市群，发挥聚集效应和发展效应，提高土地利用集约化程度，防止其过度扩张。二是增强城市管理水平，提高转移人口的教育水平与素质，提升劳动力利用效率。三是提升区域城市的协同发展能力。

第7章　我国环境治理投资效率及其影响因素分析

7.1　引　　言

自改革开放以来，我国经济建设取得了快速的发展，工业化和城市化水平加快，由于长期的粗放式经济发展方式，导致我国环境污染问题日益严重，地区环境污染排放物居高不下，付出了资源的过度投入和环境损耗过大的沉重代价，如近期出现的大范围大气雾霾污染现象、地区重大水污染事件等，严重影响了居民的生活和身心健康，不仅制约了经济社会的可持续发展，同时也引起了人们对环境治理效果的质疑与关注。因此，在生态环境保护这项国策中，加大环境治理投资规模、提高环境治理投资效率已成为落实我国可持续发展战略的重要议题。

近年来，我国大力实施污染防治行动计划，构建起了相对完善的环境治理投资渠道，环境治理投资资金也逐年增长，这对我国环境污染的防治发挥了至关重要的作用。2015 年，我国环境污染治理投资总额为 8806.3 亿元，相比 2014 年的 9576 亿元，下降了 8.03%，占 GDP 的比重为 1.3%，较 2014 年下降了 0.2 个百分点。环境污染投资占 GDP 的比重、环境污染投资规模均远远低于发达国家水平，极其不适应中国现在的环境污染形势。而且由于各省(区、市)的环境治理投入资金和环境污染状况的差异，环境治理效果也不尽相同，相比国外发达国家，环境治理投资效率仍显低下。为了实现有限环境治理投入下的最优环境治理效果，深入研究我国及各省环境投资效率及其关键影响因素则显得十分必要，这不仅有助于准确把握环境治理现状，摸清环境治理效率的演化情况，还可以为环境治理投资效率的改进政策与建议提供科学依据。因此，本章采用 Super-SBM 模型评价我国各省、区、市 2011~2014 年的环境治理投资效率、水污染治理投资效率和大气污染治理投资效率，并通过门槛面板模型实证分析我国环境治理投资效率的关键影响因素。

7.2　环境治理投资效率评价

7.2.1　模型选择

大部分学者在衡量区域环境治理投资效率时往往采用的是数据包络分析

(DEA) 方法，它是一种评价决策单元相对效率的非参数技术效率分析方法。DEA 模型最常见的有 CCR 模型与 BCC 模型，CCR 模型是基于不变规模报酬条件的效率模型，BCC 模型则是基于可变规模报酬条件的效率模型，二者虽然是对经典 DEA 模型在一定程度上的改进，但其对效率测评的思想依然属于线性分段和径向理论，由于未将投入产出的松弛性问题纳入考虑范围，导致效率值的测评结果不够准确。针对这一问题，Tone (2001) 提出了非角度、非径向的 SBM (slacks-based measure) 模型，将松弛变量引入目标函数，从而解决了产出松弛变量的问题。其分式规划形式如式 (7.1) 所示，其中，S 为投入与产出的松弛量，S_i^- 表示第 i 种投入的冗余，S_r^+ 表示第 r 项产出的不足，λ 为权重向量，δ 是目标函数，x_{ij} 为第 j 个决策单位的 i 项投入，y_{rj} 为第 j 个决策单元的 r 项产出。

$$\min \delta = \frac{1 - \frac{1}{m}\sum_{i=1}^{m}\frac{S_i^-}{x_{i0}}}{1 + \frac{1}{S}\sum_{i=1}^{S}\frac{S_r^+}{y_{r0}}}$$

$$\text{s.t.} \begin{cases} x_{i0} = \sum_{j=1}^{n}x_{ij}\lambda_j + S_i^- \\ y_{r0} = \sum_{j=1}^{n}y_{rj}\lambda_j - S_r^+ \\ \lambda_j \geqslant 0, j=1,2\cdots,n; S_i^- \geqslant 0, i=1,2\cdots,m; S_r^+ \geqslant 0, r=1,2,\cdots,s \end{cases} \quad (7.1)$$

为进一步解决 SBM 模型测得效率值会出现多个决策单元同为完全效率而无法进一步评价和排序的问题，根据修正松弛变量，Tone 提出了 Super-SBM 模型。其变动规模报酬 (VRS) 下的分式规划形式如式 (7.2) 所示。

$$\min \delta = \frac{\frac{1}{m}\sum_{i=1}^{m}\frac{\overline{x}_i}{x_{i0}}}{1 + \frac{1}{S}\sum_{r=1}^{S}\frac{\overline{y}_r}{y_{r0}}}$$

$$\text{s.t.} \begin{cases} \overline{x} \geqslant \sum_{j=1,\neq 0}^{n}x_j\lambda_j \\ \overline{y} \leqslant \sum_{j=1,\neq 0}^{n}y_j\lambda_j \\ \sum_{j=1,\neq 0}^{n}\lambda_j = 1; \overline{x} \geqslant x_0, \overline{y} \leqslant y_0; \overline{y} \geqslant 0, \lambda \geqslant 0 \end{cases} \quad (7.2)$$

7.2.2　评价指标选取

在相关指标选取时，为了准确、有效地衡量我国各省域环境治理投资效率，结合近年来我国空气污染和水污染程度不断加剧的现实，本章从环境总污染、水污染、空气污染三个维度构建相应指标体系进行相应的评价。为了正确反映环境治理投资的效率问题，其所选的投入指标主要表现为环境治理的投入，产出指标主要表现为环境的综合治理效果及节能减排结果。鉴于 2010 年前后统计口径的改变，环境污染治理的总投资包括工业污染源治理投资、城市环境基础设施建设投资、建设项目环保投资总额三类。其中，水污染治理投资包括废水治理本年运行费用、废水治理设施数；废气污染治理投资包括废气污染治理本年运行费用、废气治理设施数。而产出指标主要包含了固体废弃物处理量、工业废水处理能力、工业废水处理量、废气处理能力四个方面。构建的具体环境治理投资综合效率评价指标体系、水污染治理投资效率指标体系与大气污染治理投资效率指标体系，如表 7.1 所示。

表 7.1　环境治理投资效率指标体系

投入变量	所属体系	产出变量	所属体系
工业污染源治理投资	综合治理效率		
城市环境基础设施建设投资	综合治理效率	固体废弃物处理量	综合治理效率
建设项目环保投资总额	综合治理效率		
废气污染治理本年运行费用	废气污染治理效率	废气处理能力	综合治理效率、大气污染治理效率
废气治理设施数	废气污染治理效率		
废水治理本年运行费用	水污染治理效率	工业废水处理能力	综合治理效率、水污染治理效率
废水治理设施数	水污染治理效率	工业废水处理量	综合治理效率、水污染治理效率

注：所涉及数据均以 2010 年为基期，对各省份数据进行平减。

7.2.3　我国环境治理投资效率评价

由于西藏、台湾、香港、澳门的数据缺失，依据 2011～2014 年的《中国统计年鉴》、《中国环境统计年鉴》与《中国城市统计年鉴》，选取北京等 30 个省、区、市(除西藏、香港、澳门、台湾)的环境治理投入和产出数据作为评价样本，运用 Super-SBM 模型和 DFAP 2.1 软件，可计算出我国各省、区、市环境治理投资效率值、水污染治理投资效率值和大气污染治理投资效率值，结果如表 7.2、图 7.1 和图 7.2 所示。

表 7.2　2011～2014 年我国各省(区、市)的污染治理投资效率水平

地区	环境污染治理投资效率				水污染治理投资效率				大气污染治理投资效率			
	2011年	2012年	2013年	2014年	2011年	2012年	2013年	2014年	2011年	2012年	2013年	2014年
北京	1.06	0.38	0.30	0.18	0.16	0.12	0.16	0.14	0.46	0.44	0.43	0.43
天津	0.32	0.34	0.26	0.17	0.19	0.22	0.14	0.17	0.40	0.38	0.33	0.29
河北	1.02	1.19	1.21	1.18	1.20	0.85	0.88	0.89	0.69	0.71	0.65	0.57
辽宁	3.52	0.96	0.85	1.01	3.04	0.52	0.52	0.68	0.55	0.54	0.52	0.52
上海	0.68	0.55	0.72	0.36	0.08	0.22	0.19	0.19	0.43	0.45	0.40	0.40
江苏	0.59	0.45	0.33	0.34	0.33	0.28	0.28	0.28	0.43	0.37	0.38	0.37
浙江	0.86	1.07	0.51	0.38	0.32	0.26	0.23	0.22	0.32	0.59	0.22	0.23
福建	0.63	0.86	0.36	1.18	0.73	0.50	0.52	0.45	0.44	1.00	0.31	0.33
山东	0.59	0.38	0.33	0.37	0.40	0.36	0.35	0.38	0.66	0.48	0.48	0.47
广东	0.82	0.95	1.20	0.95	0.27	0.28	0.26	0.30	0.38	0.31	0.28	0.28
广西	1.63	1.18	0.72	0.57	1.08	0.92	0.77	0.47	0.72	0.52	0.46	0.38
海南	0.24	0.17	0.37	0.58	0.15	0.15	0.13	0.14	0.33	0.36	0.40	0.22
山西	0.94	0.60	0.68	0.69	0.37	0.40	0.31	0.30	0.49	0.33	0.45	0.34
内蒙古	0.56	0.68	0.38	0.42	0.55	0.57	0.51	0.33	0.71	0.69	0.64	0.72
吉林	0.59	0.82	0.55	0.70	0.55	0.77	0.48	0.42	0.60	0.77	0.46	0.43
黑龙江	0.69	1.14	0.26	0.43	0.48	0.46	0.44	0.52	0.59	1.04	0.67	0.72
安徽	0.63	0.44	0.23	0.33	0.58	0.52	0.49	0.44	0.61	0.45	0.40	0.35
江西	0.57	1.15	0.43	0.47	0.49	0.56	0.50	0.52	0.35	0.32	0.32	0.33
河南	1.15	0.91	0.53	0.54	0.48	0.38	0.38	0.40	0.51	0.50	0.42	0.39
湖北	1.09	0.90	0.44	0.41	0.46	0.79	0.59	0.55	0.71	1.27	0.36	0.36
湖南	0.91	0.74	0.61	0.72	0.44	0.74	0.70	0.80	0.43	0.42	0.35	0.40
重庆	0.53	0.59	0.40	0.59	0.33	0.33	0.30	0.28	0.50	0.37	0.37	0.35
四川	1.20	1.01	0.67	0.54	0.36	0.37	0.45	0.39	0.38	0.44	0.38	0.36
贵州	1.12	0.95	0.70	0.48	0.32	0.80	1.08	0.93	0.56	0.43	0.28	0.30
云南	1.06	1.10	1.59	0.98	0.62	0.63	0.68	0.44	0.38	0.34	0.36	0.39
陕西	0.52	0.47	0.44	0.35	0.31	0.35	0.32	0.33	0.46	0.43	0.60	0.54
甘肃	0.93	0.78	0.36	0.52	0.46	0.48	0.42	0.26	0.38	0.81	0.46	0.48
青海	0.66	0.79	0.53	0.76	0.85	0.66	0.87	0.93	0.40	0.42	0.34	0.34
宁夏	1.44	0.90	0.75	0.85	0.42	0.36	0.40	0.29	0.81	0.64	0.72	0.70
新疆	3.79	0.50	0.37	0.30	0.42	0.28	0.33	0.25	0.89	0.58	0.61	0.54
全国	1.01	0.77	0.57	0.58	0.55	0.47	0.46	0.42	0.52	0.55	0.43	0.42

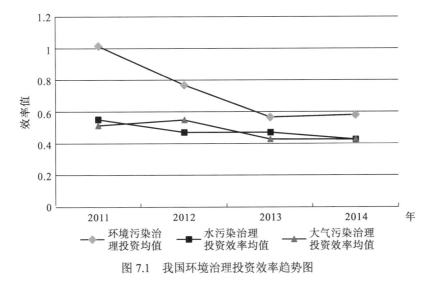

图 7.1　我国环境治理投资效率趋势图

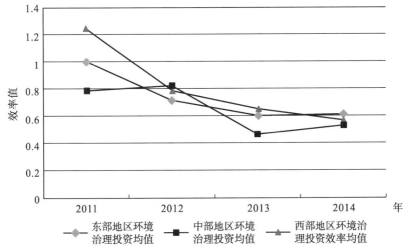

图 7.2　我国东、中、西部地区环境治理投资效率趋势图

从表 7.2、图 7.1 和图 7.2 可以看出，我国环境治理投资效率呈现显著的下降趋势，虽然在 2013～2014 年下降趋势得到了有效的缓解，但效率值依然较低，仅为 0.58。相应地，水污染环境治理投资效率和大气污染治理投资效率呈现缓慢的下降趋势，且效率均值都低于环境治理投资效率水平，如在 2013 年和 2014 年均小于 0.5 的水平，表明大部分省份在水环境治理和大气环境治理方面处于无效率水平，提升的空间还比较大。从区域分布来看，我国的环境治理投资效率存在显著的区域差异，东部、中部、西部地区的环境治理投资效率均呈现下降趋势，但到 2014 年，各地区的下降幅度明显减小。因此需分析造成这一差异的具体影响因素。

7.3　环境治理投资效率影响因素分析

7.3.1　模型选择

以 Super-SBM 模型计算得出的环境治理投资效率值为基础，构建门槛面板模型，分析我国区域环境治理投资效率的关键影响因素。门槛面板模型的核心思想是对一个解释变量设定一个未知变量作为其门槛值，并将这一未知变量纳入回归模型之中，以此构建分段函数，并通过实证检验和估计相应的门槛值以及"门槛效应"（王惠等，2016）。其单门槛模型如下：

$$y_{it} = u_{it} + \theta x_{it} + \beta_1 z_{it} I(q_{it} \leq \gamma) + \beta_2 z_{it} I(q_{it} > \gamma) + \varepsilon_{it} \tag{7.3}$$

其中，y_{it} 为被解释变量；z_{it} 为所选的解释变量；x_{it} 为一组会对被解释变量产生影响的控制变量；θ、β_1、β_2 则为相应的系数向量；q_{it} 是设定的门槛变量；γ 是特点的门槛值；μ_{it} 为个体效应值；I 为指示函数，括号内不等式成立取值为 1，不成立取值为 0。

通过已知数据的输入，可以进一步求出估计值和参数值，得到估计残差平方和：

$$S_1(\gamma) = \hat{e}_{it}(\gamma)' \hat{e}_{it}(\gamma) \tag{7.4}$$

最优门槛值为

$$\hat{\gamma} = \mathrm{argmin} S_1(\gamma) \tag{7.5}$$

残差方差为

$$\hat{\sigma}^2 = \frac{1}{n(T-1)} \hat{e}_{it}(\gamma)' \hat{e}_{it}(\gamma) = \frac{1}{n(T-1)} S_1(\gamma) \tag{7.6}$$

在估计出 $\hat{\gamma}$ 以后，就可以进一步的估计出其他参数。

以区域科技水平作为门槛变量，选择相应指标并结合 Hansen 门槛面板模型来考察影响我国环境治理投资效率的具体因素，其单一门槛模型和双重门槛模型如式（7.7）、式（7.8）所示。

$$Y_{it} = u_{it} + \theta_1 \mathrm{EA}_{it} + \theta_2 \mathrm{UL}_{it} + \theta_3 \mathrm{EC}_{it} + \beta_1 \mathrm{IS}_{it} I(\mathrm{TL}_{it} \leq \gamma_1) + \beta_2 \mathrm{IS}_{it} I(\mathrm{TL}_{it} > \gamma_2) + \varepsilon_{it} \tag{7.7}$$

$$\begin{aligned} Y_{it} = {} & u_{it} + \theta_1 \mathrm{EA}_{it} + \theta_2 \mathrm{UL}_{it} + \theta_3 \mathrm{EC}_{it} + \beta_1 \mathrm{IS}_{it} I(\mathrm{TL}_{it} \leq \gamma_1) + \beta_2 \mathrm{IS}_{it} I(\gamma_1 < \mathrm{TL}_{it} \leq \gamma_2) \\ & + \beta_3 \mathrm{IS}_{it} I(\mathrm{TL}_{it} > \gamma_2) + \varepsilon_{it} \end{aligned} \tag{7.8}$$

式（7.7）、式（7.8）分别表示以科技水平（TL）作为门槛变量，以产业结构（IS）为门槛依赖变量时，各因素对环境治理投资效率影响的单一门槛模型和双重门槛模型。其中，Y 为环境治理投资效率，EA 表示区域环保意识，UL 表示区域城市化水平，EC 表示区域能源消耗。

7.3.2　变量说明与数据来源

1. 变量说明

(1) 被解释变量。环境治理投资效率(Y)，即通过 Super-SBM 模型测算而得。

(2) 门槛变量及门槛依赖变量。选择科技水平(TL)作为门槛变量，用区域研发投入占生产总值的比重表示；选择产业结构(IS)作为门槛依赖变量，用区域第二产业所占比重表示。

(3) 控制变量。由于环境治理投资受到多方面的影响，筛选以下变量作为控制变量。

环保意识(EA)：随着收入的增长，人们对美好环境的需求也越来越高，政府也将加大环境污染治理力度来改善环境质量。环保意识越强，环境污染程度越低。此处采用历年工业环境污染治理投资额来衡量环保意识并进行 GDP 平减修正。

城市化水平(UL)：地域内城市人口占总人口的比例。

能源消耗(EC)：我国的经济发展正处于由粗放型发展向集约型发展的转型阶段，化石能源依旧是我国大部分省域的主要能源来源，大量化石能源的使用也势必会带来环境污染的加剧。采用各地区单位生产总值的能源消耗量表示。

2. 数据来源

根据前述的统计年鉴和环境治理投资效率值、水污染治理投资效率值与大气污染治理投资效率值，选择 2010 年作为基期，采用历年各省份 GDP 平减指数对部分数据予以平减处理。变量的描述性统计结果如表 7.3 所示。

表 7.3　变量的选择及描述性统计结果

因素	变量	指标说明	单位	均值	标准差	最大值	最小值
环境治理投资效率值	Y_1	环境总投入与总产出的效率值	无	0.731	0.495	3.792	0.169
水污染治理投资效率值	Y_2	废水投入与产出的效率值	无	0.474	0.329	3.039	0.084
大气污染治理投资效率值	Y_3	废气投入与产出的效率值	无	0.479	0.173	1.274	0.223
环保意识	EA	环境治理投资占 GDP 比重	百分比	0.015	0.007	0.042	0.0045
城市化水平	UL	城市人口所占比重	百分比	0.549	0.011	0.060	0.004
能源消耗	EC	单位生产总值的能源消耗量	万元/吨	0.872	0.412	2.053	0.320
产业结构	IS	区域第二产业所占比重计算	百分比	0.480	0.793	0.060	0.213
科技水平	TL	区域研发投入占生产总值的比重	百分比	0.015	0.011	0.060	0.004

7.4 实证分析与结果分析

7.4.1 门槛效应分析

在使用门槛面板模型前，为了合理确定门槛的个数和模型具体形式，应先检验门槛效应的存在性。通过 bootstrap 自抽样方法，利用 stata 13 软件可求出 P 值和临界值。表 7.4 表示了对环境治理投资效率、水污染治理投资效率、大气污染治理投资效率而言，以区域科技水平作为门槛变量，以区域产业结构作为门槛依赖变量时，单一门槛、双重门槛以及三重门槛效应存在性的检验结果。从表 7.4 可以看出，无论是环境治理投资效率、水污染治理投资效率还是大气污染治理投资效率，三者都存在显著的门槛效应。

表 7.4 门槛效应存在性检验

门槛值	环境治理投资效率		水污染治理投资效率		大气污染治理投资效率	
	F 值	P 值	F 值	P 值	F 值	P 值
单一门槛	80.767 ***	0.000	19.441 **	0.033	17.747 ***	0.033
双重门槛	1.608 *	0.100	−11.014	0.567	−9.455	0.700
三重门槛	3.385 *	0.100	3.223 *	0.100	3.333 *	0.100

注：***、**、*分别代表在 1%、5%、10%的水平下显著。

表 7.4 反映了环境治理投资效率、水污染治理投资效率和大气污染治理投资效率三个指标都存在门槛效应，接着应进一步确定环境治理投资效率、水污染治理投资效率和大气污染治理投资效率三个指标的门槛估计值是否等于其真实值，结果如表 7.5 所示。结合表 7.4、表 7.5 可知，对于环境治理投资效率而言，科技水平对环境治理投资效率的影响存在两个门槛值，即门槛值分别为 0.006、0.016，且双门槛效应均通过 10%的显著水平检验，同时结合其置信区间来看，估计值有效；对水污染治理投资效率而言，科技水平对水污染治理投资效率的影响存在 0.016、0.006 两个门槛值，但双门槛效应检验水平不显著；对于大气污染治理投资效率来讲，双重门槛效应检验依旧不显著。因此可选择单一门槛模型进行分析。

表 7.5 门槛估计值与 95%水平置信区间

	环境治理投资效率		水污染治理投资效率		大气污染治理投资效率	
	门槛值	区间	门槛值	区间	门槛值	区间
单一门槛	0.006	[0.003,0.010]	0.016	[0.014,0.026]	0.018	[0.016,0.030]
双重门槛	0.016	[0.007,0.058]	0.006	[0.006,0.028]	0.014	[0.007,0.021]

7.4.2　实证结果分析

选择以科技水平作为门槛变量，以区域产业结构作为门槛依赖变量，分析各个因素对环境治理投资效率、水污染治理投资效率、大气污染治理投资效率的门槛效应。具体结果如表 7.6 所示。

表 7.6　各影响因素与相关效率回归结果

环境变量	环境治理投资效率	水污染治理投资效率	大气污染治理投资效率
EA	−24.447 ** (−2.58)	2.7861 * (1.87)	−0.054 * (−1.99)
UL	−3.390 (−0.81)	−4.848 (−1.48)	−0.514 (−0.29)
EC	1.229 * (1.97)	0.375 (0.80)	0.374 * (1.50)
IS_1	−0.421 * (−2.04)	0.570 ** (2.57)	0.182 * (1.72)
IS_2	6.171 *** (7.47)	1.788 ** (2.47)	−4.357 ** (2.71)
R^2	0.6034	0.5802	0.4846
F	21.30 ***	3.08 ***	3.17 ***

注：***、**、*分别代表在 1%、5%、10%的水平下显著。

(1) 对环境治理投资效率的影响分析。从环境治理投资效率来看，各地区的科技水平差异对区域环境治理效率产生的影响并不相同。从表 7.6 可以看出，对于科技水平在门槛值(0.006)以下的区域，该区域的产业结构对于环境治理效率的影响系数为负值，且通过了 10%的显著水平检验，这表明科技水平较低的地区，第二产业比重的增加会阻碍环境治理效率的提高；而当区域科技水平超过门槛值时，此区域的产业结构对于环境治理效率的影响系数为正值，且通过了 1%的显著水平检验，这意味着此时第二产业比重的增加反而会促进区域环境治理效率的提高。造成这一现象的原因可能是落后地区的经济发展往往会以牺牲环境为代价，而对于科技水平较为发达的地区，工业基本实现了现代化，其工业领域的环保投资效率也就相应越高。环保意识(EA)对于环境治理效率的影响表现为估计系数是负值且通过了 5%的显著水平检验，也就是说，环保投资额的增加反而会导致环境治理投资效率的降低，造成这一现象的原因可能是：第一，相对于持续增长的地区生产总值而言，污染治理投资的增长速度远远低于地区生产总值的增长速度；第二，部分地区的环保资金存在严重的冗余与浪费现象，这样势必会导致环境治理效率的降低。城市化水平(UL)虽然未能通过显著水平检验，但其估计系数为负数，在一定程度上反映了城市人口的集聚对于环境治理效率有一定的负向影响。能源消耗(EC)对于环境治理效率的影响表现为估计系数是正值且通过了 5%的显著水平检验，这意味着越低的能源消耗水平对于环境治理效率的提高越不利，这与实际情况相符。

(2)对水污染治理投资效率的影响分析。对于不同地区，科技水平的不同也会对区域环境治理效率产生不同的影响，但其影响值均为正值。当地区科技水平未能达到门槛值(0.016)时，第二产业比重的提升对于水污染治理效率的提升较为平缓；而对于科技水平达到门槛值的地区，第二产业比重的提升将显著的影响区域水污染治理效率。对于其他控制变量而言，仅环保意识(EA)对水污染治理效率的影响系数是正值，且通过了 10%的显著水平检验，这表明区域环保意识的提高有助于提高区域水污染治理效率，这与前面环保意识对于环境治理投资效率的负影响情况恰恰相反，造成这一现象可能是由于现有的环保投资过多的关注水污染治理，而对其他污染类型的重视程度则略显不够。能源消耗(EC)对于水污染治理投资效率的影响系数为 0.375，但未通过显著性检验，反映了能源消耗水平的增加在一定程度上可提升水污染治理投资效率。

(3)对大气污染治理投资效率的影响分析。对不同的地区而言，科技水平的不同同样对区域大气污染治理投资效率造成不同的影响，但与前二者不同的是，随着科技水平到达门槛值(0.018)时，第二产业比重的增加反而会导致大气污染治理投资效率的降低。造成这一现象的主要原因可能是：科技水平较高的发达地区，虽然在大气污染治理过程中投入了大量的资金和设备，但这些投资并未达到预期效应，从而导致了高投入低产出的结果。而对于其他控制变量而言，环保意识(EA)对于环境治理效率的影响表现为估计系数是负值且通过了 10%的显著水平检验，这表明环保投资额的增加反而会导致大气污染治理投资效率的降低，而结合环保意识对环境治理投资总效率的影响为负值的情况，造成这一现象的原因可能也是现有的环保投资较多的关注水污染治理，而忽视了严峻的大气污染形势。能源消耗(EC)对于环境治理效率的影响则呈现估计系数为正值且通过了10%的显著水平检验的结果，这表明能源消耗水平越低则对于环境治理效率越不利，这与实际情况相符。

7.5 本 章 小 结

本章运用 Super-SBM 模型测算了我国各省域 2011～2014 年的环境治理投资效率、水污染治理投资效率和大气污染治理投资效率，并采用门槛面板模型实证分析了我国环境治理投资效率的关键影响因素，得出以下结论。

(1)我国环境治理投资效率均较低并呈现出逐年下降的趋势。大部分省市的效率值处于无效率状态，而且环境治理投资效率存在显著的区域差异，东部、中部、西部地区的环境治理投资效率均呈现下降趋势。虽然部分地区增加了环境治理投资力度，但效果并不显著，存在大量的投入冗余现象。

(2)我国的水污染治理投资效率与大气污染治理投资效率依旧低下。大多数值小于 0.5 的水平，且呈现缓慢的下降趋势，水污染和大气污染治理形势不容乐观，但提升空间较大。

(3)各要素会对不同类型的治理投资效率产生不同的影响。当科技水平低于门槛值时，第二产业结构的增加将会对水污染治理投资效率和大气污染治理投资效率产生正影响，而对环境治理投资效率产生负影响；而当科技水平高于门槛值时，第二产业结构的增加将会对环境治理投资效率和水污染治理投资效率带来正影响，对大气污染治理投资效率则带来负影响。这意味着科技水平的提升突破门槛值后，可有效提高各类型环境治理投资的效率，但是应合理化分配环境治理额，优化投资结构，实现各类型环境污染均衡治理。环保意识对环境治理投资效率和大气污染治理投资效率产生负影响，对水污染治理投资效率则产生正影响，这可能是环保投资较多地关注了水污染的治理而对大气污染治理的重视程度不够。能源消耗水平的提高有利于促进环境污染治理投资效率与大气污染治理投资效率的提升。

因此，为进一步提升我国各省(区、市)的环境污染治理投资效率水平，各省(区、市)应积极提升科技水平，力争突破门槛限制；合理规划环保治理投资，做到整体谋划，资源合理配置，尽可能减少投资冗余与分配不均现象；降低能源消耗总量，提高能源消耗水平，以此促进环境治理投资效率和大气污染治理投资效率水平地提高。

第8章 区域环境治理投资效率及其影响因素分析

8.1 引 言

近年来，四川省出台了《四川省固体废物污染环境防治条例》《四川省灰霾污染防治办法》等一系列法律法规，大力实施污染防治行动计划，逐步构建起了相对较为完善的环境治理制度，特别是"十三五"时期，环境治理投资总额预计达到 3000 亿元。虽然这对环境污染的防治发挥了至关重要的作用，但与每年三万多亿元的 GDP 相比，环境治理投入还有待进一步加大。为了实现有限治理投入下的最优治理效果，本章基于 2004～2015 年四川省的年度样本数据，采用 DEA-BCC 模型和 Tobit 模型测度分析区域环境治理投资效率及其主要影响因素，这不仅符合区域绿色经济发展的实际需要，还可为区域环境治理投资政策的改进提供科学依据。

8.2 评价方法及指标选取

8.2.1 数据包络分析法

数据包络分析(DEA)是一种用来评价同类部门或单位(称为决策单元)之间的相对有效性的方法。该方法主要是通过线性规划的方式建立一组"投入-产出"变量的非参数分段曲面和效率前沿面，并在此基础上求出各决策单元的效率相对值。根据假设不同，DEA 模型主要包括规模可变的 VRS(variable return to scacle，可变模型收益)模型和规模不变的 CRS(constant return to scale，不变规模收益)模型，而区域环境治理投资规模会随着时间的推移呈现递增趋势，故本章选用规模可变、以投入为导向的 BCC 模型来测度在环境治理投资效率测度(刘丽波，2016)，且将研究样本内的不同年份看作是不同的决策单元，根据各具体的投入与产出变量值计算区域环境治理投资效率水平。

8.2.2 指标选取

为使所选指标能更加客观、全面地反映环境治理投资的真实效率，同时结合已有研究文献，选用城市环境基础设施建设、工业污染源治理投资总额、建设项目环保投资总额作为投入变量，并将废水排放总量、工业废气年排放量、工业固体废弃物年产生量作为产出变量(王晴，2015)。在应用 DEA 模型进行效率评价时，一般要求投入越少越好，产出越多越优，故需对产出指标进行特殊化处理，本章采用线性处理法对指标数值进行转化，具体函数是一个足够大的向量，以保证所有转换后的输出数据均为正值，借鉴已有研究成果，选取 C 值为样本地区数据最大值的 1.1 倍。样本数据的选取主要依据《中国环境统计年鉴》(2014～2016 年)和《四川统计年鉴》(2005～2016 年)，为了排除通货膨胀因素对测算结果的影响，选择以 2004 年作为基期对环境治理的各项资金投入做平减折算处理。指标的具体描述性统计情况如表 8.1 所示。

表 8.1　区域环境治理投资效率评价指标的描述性统计

类型	指标	最大值	最小值	均值	标准差
投入指标	城市环境基础设施建设/亿元	148.10	31.50	74.39	39.16
	工业污染源治理投资总额/亿元	23.20	7.20	16.70	5.13
	建设项目环保投资总额/亿元	116.80	9.10	48.57	31.58
产出指标	废水排放总量/万吨	341 607	241 720	277 955.04	31 052.21
	工业废气年排放量/亿标平方米	23 171.80	7 466	16 423.06	5 481.24
	工业固体废弃物年产生量/万吨	14 246.37	5 847	10 419.60	2 809.55

数据来源：《四川环境统计年鉴》《中国环境统计年鉴》。

8.3　数据处理结果分析

基于 DEAP 2.1 软件，选用 BCC 模型测度区域环境治理投资效率，具体结果如表 8.2 所示。表中，综合技术效率(crste)是纯技术效率(vrste)与规模效率(scale)相乘的结果，代表的是效率的总体水平；纯技术效率主要是区域环境污染治理的技术能力的体现；规模效率则是区域环境污染治理投入在规模上已实现的具体情况。当 crste≥1 时，表示综合技术效率为效率前沿面，此时的决策单元是有效的，纯技术效率与规模效率均为最佳状态；若 crste<1，则为决策单元无效。相似地，若 crste≥1，则表示纯技术效率达到了效率最优值；若 crste<1，则为纯技术效率无效。若 scale≥1，则规模效率为有效值；若 scale<1 则为规模效率无效。

表 8.2　2004～2015 年区域环境治理投资效率运行结果

决策单元	综合技术效率(crste)	纯技术效率(vrste)	规模效率(scale)	规模报酬	判断结果
2004 年	1	1	1	—	有效
2005 年	1	1	1	—	有效
2006 年	1	1	1	—	有效

续表

决策单元	综合技术效率(crste)	纯技术效率(vrste)	规模效率(scale)	规模报酬	判断结果
2007 年	0.779	0.791	0.984	irs	无效
2008 年	0.943	0.974	0.968	irs	无效
2009 年	1	1	1	—	有效
2010 年	1	1	1	—	有效
2011 年	0.710	0.906	0.784	irs	无效
2012 年	0.590	0.766	0.770	irs	无效
2013 年	0.377	0.504	0.748	irs	无效
2014 年	0.281	0.437	0.644	irs	无效
2015 年	0.974	1	0.974	irs	无效
总体均值	0.805	0.865	0.906	—	—

注：irs 表示传递收益递减。

就变化趋势而言，2004～2015 年的区域环境治理投资效率呈现先减后增的波动变化趋势，综合技术效率与纯技术效率的波动情况极其相似，规模效率整体上呈下降趋势，如图 8.1 所示。从数值上看，三大效率的总体均值均保持在 0.805 之上，但因 vrste 与 scale 均未实现最优水平，故导致了 crste 无法实现最优，其中，过低的 vrste 值是制约 crste 值提升的主要因素，这表明区域环境治理技术能力与水平的不足，严重阻碍了其环境治理投资效率水平的提升。总体而言，区域环境治理投资效率水平并不高，在较多年份里，综合技术效率并未达到有效前沿面。

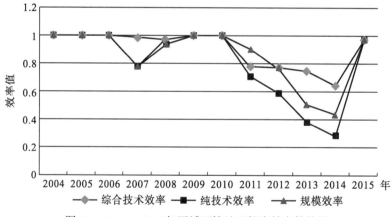

图 8.1　2004～2015 年区域环境治理投资效率趋势图

从有效情况来看，2004～2006 年和 2009～2010 年的区域环境治理投资效率达到了有效值 1，这说明在这五年中区域的环境污染治理投入得到了有效合理的使用，且环境质量得到了有效的控制。对于 2004～2006 年，其环境治理投资效率达到有效值的原因可能是在"西部大开发"之初，区域的生态环境还没有遭到严重破坏，环境污染问题还不突出，所以，在这一时期就会出现较少的环境治理投入带来最佳产出的结果。对于 2009～2010 年，其环境治理投资效率实现有效值的可能原因有两个。首先，随着环境污染治理被日益重视，区域环境治理投资规模也在不断增加，由此使得环境治理投资的规模效率获得进一步提高，实现了规模有效。其次，随着国家政策和治理技术的支持与发展，区域环境污染治理的技术能力实现了显著提高，这大大提升了环境治理投资的纯技术效率值，实现了技术有效。

从区域各年的效率值来看，2007～2008 年、2011～2015 年的区域环境治理投资综合技术效率均未实现有效水平，即均为 DEA 无效，由此也反映了此时期内区域环境治理投资效率较低的情况，其中除 2015 年的规模效率实现了有效值 1 外，其余年份的纯技术效率与规模效率均未达到最佳水平。首先，在 2007～2008 年，区域环境治理投资效率未达到 DEA 有效是因为其纯技术效率与规模效率均未达到有效值。对于 2007 年而言，纯技术效率对治理投资效率的影响更大，这说明环境治理的技术能力还需进一步提升；而对于 2008 年而言，规模效率对治理投资效率的影响相对较大，这说明环境治理投入的规模还有待扩大。其次，对于 2011～2015 年，区域环境治理问题虽然在"十二五"期间被关注重视，但其实现的环境治理投资效率却依旧低于有效值水平。对于 2011 年而言，纯技术效率值高于规模效率值，规模效率水平的低下是制约环境治理投资效率水平提升的关键因素。在 2012～2014 年，纯技术效率与规模效率在持续下滑，由此带来了环境治理投资效率水平的急剧下滑，出现 12 年间(2004～2015 年)的最低值 0.281，其中纯技术效率对综合技术效率的影响占主要地位，出现这种情况的原因可能是这期间区域的环境污染状况加剧，污染速度远快于环境治理相关技术的发展速度，同时区域环境治理投资规模不足，使得治理效果的规模效应未得到充分发挥。由此也意味着 2012～2014 年的环境治理技术能力和投入规模还需进一步提升，以应对日益严重的环境污染问题。发展至 2015 年，区域环境治理投资的纯技术效率实现了有效值 1，但因其规模效率水平较低的缘故，其治理投资效率依旧处于 DEA 无效。

从规模报酬的变化情况来讲，2004～2015 年区域的治理投资规模报酬呈现为不变、递增的螺旋交替变化情况，在"十二五"规划期间，区域环境治理投资的规模收益均为递增状态，这说明区域环境治理投资效率的提升可通过扩大治理投入规模来实现。

8.4　区域环境治理投资效率的影响因素分析

8.4.1　Tobit 回归模型

Tobit 模型最先被 James Tobin 于 1958 年提出，其主要包括表示约束条件的选择方程模型和受约束下的连续变量方程模型两种类型。DEA 模型测算出的环境治理投资效率是一种相对效率，且其取值在 0～1 范围内，直接采用普通回归将使结果出现一定的偏差，相比之下，Tobit 模型在处理这种相对效率时更为合适。Tobit 模型的表现形式为

$$Y = \begin{cases} Y^* = a + \beta X_i + u_i \\ Y^* = Y_i, \quad Y^* \geqslant 0 \\ Y_i^* = 0, \quad Y^* < 0 \end{cases} \tag{8.1}$$

其中，Y 为效率水平值；Y^* 表示截断因变量；X_i 是自变量；a 为截距项；β 为参数变量；u_i 为随机误差项，$u \in N(0, \delta^2)$。

8.4.2　模型构建

基于 Tobit 回归模型，构建环境治理投资效率模型为

$$Y_t = a + \beta_1 \ln \mathrm{RGDP}_t + \beta_2 \mathrm{FD}_t + \beta_3 \mathrm{DT}_t + \beta_4 \mathrm{GP}_t + \beta_5 \mathrm{ES}_t + \varepsilon \tag{8.2}$$

其中，Y_t 表示在第 t 年的环境治理投资效率；a 为常数项；RGDP_t 是第 t 年的人均 GDP；FD_t 是四川在第 t 年年末金融机构贷款余额占 GDP 的比重；DT_t 是区域第 t 年进出口总额占 GDP 的比重；GP_t 是第 t 年区域环保治理投资总额占 GDP 的百分比；ES_t 是第 t 年区域专科及以上学历人数的占比；β_1、β_2、β_3、β_4、β_5 分别表示不同自变量的回归系数，为随机干扰项。

8.4.3　指标选取及数据来源

借鉴前人在环境治理投资效率影响因素等方面的探究，本章选取地区经济发展水平、金融发展水平、贸易依存度、政府规划、环保意识五项指标构建影响因素评价体系，指标数据主要来自 2005～2016 年的《中国环境统计年鉴》《四川统计年鉴》，相关指标的描述性统计如表 8.3 所示。

表 8.3　区域环境治理投资效率影响因素指标的描述性统计

指标	指标解释	最大值	最小值	均值	标准差
经济发展水平（RGDP）	人均 GDP/万元	36 632.25	7 895	21 222.10	10 038.69
金融发展水平（FD）	年末金融机构贷款余额与 GDP 之比/%	126.48	87.11	104.15	12.17
贸易依存度（DT）	年进出口总额占 GDP 的比重/%	15.64	8.67	12.17	2.41
政府规划（GP）	环境污染治理投资总额在 GDP 中的占比/%	106	52	78.85	16.76
环保意识（ES）	专科及以上学历人数占比/%	10.99	3.48	6.76	2.73

8.5　实　证　分　析

根据样本数据，通过 E-Views 8.0 软件对其进行 Tobit 模型回归分析，结果如表 8.4 所示。

表 8.4　四川环境治理投资影响因素的回归结果

指标变量	变量解释	回归系数	Z 统计量	P 值
lnRGDP	经济发展水平的对数值	0.3312*	1.6795	0.0931
FD	金融发展水平	−0.0052	−1.1740	0.2404
DT	外贸依存度	−0.1044***	−4.7591	0.0000
GP	政府规划	−0.0080***	−4.8670	0.0000
ES	环保意识	−0.0394	−1.2444	0.2133
C	常数	0.2536	0.1679	0.8667

注：*、**、***分别代表在 10%、5%、1%水平下显著。

由表 8.4 中的回归结果，可得出以下分析。

(1) **经济发展水平**。由表中结果可知，人均 GDP 与环境治理投资效率之间的关系呈正向关系，且在 10%检验水平下显著，这说明经济发展水平的提升将促进环境治理投资效率的改善。首先，经济的发展将推动环境治理技术水平的提升，环境治理技术能力的提升是环境治理效率得以提升的重要因素。其次，居民收入水平的提升将促进其消费方式向绿色健康环保方向转变。伴随着经济的发展，居民收入逐渐增加，生活质量不断改善，居民的生活理念日益向绿色消费、绿色生活的方式转变，这种转变对环境治理投资效率的改善有极大的推动影响。

(2) **外贸依存度**。由所得数据可知，外贸依存度对环境治理投资效率的影响值为负数(−0.1044)，且在 1%的检验水平下显著，这说明外贸依存度的增加，将会带来环境治理投资效率的下降。2004 年以来，区域政府大力推行贸易自由化，国外许多企业经招商引资被引入，贸易依存度的增加意味着贸易的扩大和经济的发展。与此同时，高污染企业也不断涌入区域内，但区域的环保政策体系还不健全，相关技术水平有限，贸易的增长在带来经济发展的同时，也使得环境污染的程度不断加深，加大了污染治理压力；此外，在区域进出口贸易结构中，以出口贸易为主，但因企业的自主创新研发能力不足，所提供的出口产品层次较低，附加值也不高，由此使得社会资本及资源的利用效率偏低，从而影响环境质量的提升。

(3) **政府规划**。由结果可知，政府规划对投资效率的作用系数呈负值（−0.0080），且在 1%的检验水平下显著，这说明政府在加大污染治理投资力度时，并不会带来投资效率的提升。从理论上来讲，在规模报酬处于递增的状态时，政府加大环境治理投资规模将有利于投资效率的提升。而政府规划对投资效率产生负向作用的原因可能是区域政府环境污染治理投资存在明显的滞后性，即环境污染发生后，政府才会扩大环境治理投资规模，这种被动治理的方式极大地影响了环境质量的改善。

对于金融发展水平与环保意识两项指标，回归结果分别为−0.0052 与−0.0394，且均未通过 10%显著水平的检验。通常来讲，环保意识与金融发展水平的提升将会对环境治理投资效率的改善产生积极的正影响。首先，从理论上讲，国民受教育程度的提升对环境治理会产生正向影响，一方面，通过提升国民的受教育程度，可有效地提升其环保意识，一定程度上对环境治理效率的改善有积极的推动作用；另一方面，国民环保意识增强的同时，其主人翁的监督意识也将大大提升，这将有利于对环境治理工作进行有效的督促。而出现的负影响结果可能是因为区域目前缺乏完善的环境监督激励政策的规范与引导，致使公民对于环保监督工作的参与性不高，加之缺乏健全的监督处理机制，故受教育程度的提升对环境治理投资效率不能实现有效的促进作用；其次，金融发展水平的提高将为环境治理提供新的融资方式，为环境治理提供资金支持。本书中金融发展水平对投资效率呈现负向影响的原因可能是区域的金融业目前还处于初步发展阶段，其对环境污染治理投资效率的影响还未突破门槛值的限制。

8.6 本 章 小 结

以 2004～2015 年四川年度数据为样本数据，选用 DEA-Tobit 两步法对区域环境治理投资效率及其影响因素做了有效测算与探究，得出以下结论：该时期区域环境治理投资效率水平过低，在样本期间大多数年份的综合效率呈无效状态，限制综合效率提升的关键因素是由于纯技术效率水平过低导致的；"十二五"规划期间，区域环境治理投资的规模收益均为递增状态，这表明区域环境治理投资效率的提升可通过扩大治理投入规模来实现。影响因素的探析结果发现：经济发展水平的提升将推动环境治理技术水平的提升和居民消费观念的转变，从而促进环境治理投资效率的改善；现阶段，外贸依存度的增加，将会带来环境治理投资效率的下降，这主要是不合理的出口结构和环境治理技术水平不高的缘故；同时，政府环境治理投资的增加对环境治理投资效率的负影响结果表明，区域政府进行的相关治理投资有明显的滞后性，存在被动治理现象；环保意识与金融发展水平对环境治理投资效率的影响不显著。鉴于此，为改善区域环境治理投资效率水平，此处提出以下建议：①应进一步提高区域环境治理技术水平，以推动环境治理投资的纯技术效率达到有效值，从而提升区域环境治理投资效率水平；②改善出口产品结构，强化企业自主创新研发能力，提升出口产品的层次和附加值，以提高资本与资源的利用效率；③优化治理投资结构，转变"先污染后治理"的被动治理方式，克服治理投资的滞后性；④完善环境监督激励政策，并发挥其规范与引导作用，以促进公民对于环保监督工作参与度的提高，同时健全监督处理机制为公民的环保监督工作提供保障；⑤积极推进区域绿色金融的发展，对环保类企业成长给予相应的资金保障，大力支持企业采取清洁机制的可循环生产模式，以此促进环境治理投资效率水平的提升。

第9章 国外环境治理经验及启示

9.1 引　言

环境污染是全世界许多国家都曾遇到过的难题。近年来，不少大国家采用先进的污染治理技术和严格的环境治理法律法规等手段进行环境污染治理的实践，取得了显著的成绩，并积累了宝贵的经验。这对环境污染形势依然严峻的中国而言，无疑具有重要的借鉴意义(康爱彬等，2015)。

18 世纪末工业革命以来，环境污染逐渐成了一种危害人类生存与发展的全球性危机。工业革命最早开始于英国，它开创了以机器代替手工工具的时代，极大地提高了劳动生产率。但从生态的视角来看，工业革命也造成了大规模的环境污染。随着机器大生产代替手工作坊，煤炭的消耗大幅度上升，然而当时的英国在煤炭资源利用的技术上还很落后，因而其煤烟污染最为严重。除了英国之外，美国、日本等发达国家相继经历了工业革命，重工业取得了快速的发展，城市化进程也迅速推进，导致了严重的大气污染、水体污染等。

20 世纪 50～60 年代是世界经济发展的"黄金时代"。世界各主要大国经济持续、高速增长，工业化和城市化进程进一步加快，产生了大量的工业废弃物和城市生活垃圾，同时人们的环境保护意识不太强烈，最终导致了环境污染大爆发，如伦敦烟雾事件、洛杉矶的光化学烟雾事件、日本水俣病事件等。

20 世纪 70～80 年代，由于严重的环境污染不仅危及人和动物的生命，同时制约了经济社会的可持续发展，这时，西方发达国家意识到环境污染的严重后果，开始注重环境污染的治理，颁布了诸多严格的法律法规，采取了一系列保障经济增长和环境保护相协调的措施，加大环境污染治理的资金投入，不断净化和美化环境。到了 20 世纪 80 年代，西方发达国家较好地控制了环境污染恶化的趋势(宋海鸥、毛应淮，2011)。

中国作为一个发展中国家，在党的十九大报告中明确指出要建设现代化经济体系，发展仍然是第一要务，阐述了加快生态文明体制改革、推进绿色发展、建设美丽中国的战略部署。因此，我们不能走西方国家"先污染，后治理"的老路，我们必须"边建设边治理"，走可持续发展的道路，坚持发展与环保并行的政策，在发展时尽力减少环境污染，在污染产生的过程中和源头上进行积极控制。同时，还需要正视发达国家环境污染治理的历史教训和成功经验，从中学习环境污染治理的先进做法。

9.2　美国环境治理经验

9.2.1　大气污染治理经验

1943 年，美国洛杉矶爆发了世界上最早的光化学烟雾事件，短时间内，导致许多人眼睛痛、头痛、呼吸困难，甚至死亡等状况，这让美国政府真正意识到大气污染的严重程度，并开始采取强有力的国家法律来控制大气污染，经过不懈的努力，大气环境状况得到了很大的改善。美国治理大气污染这个成功的案例，有很多优秀的经验和先进做法值得我们借鉴和学习。

1. 法律约束

为了有效防治大气污染，在 1955 年，美国国会通过了第一部空气污染防治的法律——《1955 联邦空气污染控制法》。后来，相继出台了《1965 机动车污染控制法》《1967 空气质量法》《清洁空气法》等多部法律，自此，美国形成了大气污染治理专门的法律体系。

2. 区域环境管理机制

区域环境管理机制是指在区域范围内建立的统一的管理结构，对该区域内的所有环境问题进行全盘整合式管理。广义地讲，区域环境管理机制包括正式的区域环境管理制度和区域合作两种方式。而大气污染治理区域管理机制属于区域环境管理机制中的一种。美国在大气污染的治理过程中采取了区域环境管理框架。美国环保局将整个美国划分为十个地理区域，然后依据这种划分方式建立了十个区域办公室，以便分别治理各个区域的环境污染。如此一来，各区域办公室进行大气污染治理的灵活度大幅度增加，并且它们还可以相互进行合作。如今区域治理机制已在美国实施了将近 40 年，它在环境治理实践中也已经逐步得到完善。

3. 市场手段

美国在大气污染防治中，采取市场经济手段来控制污染排放，并且建立了排污权交易体系。美国是典型的市场经济国家，20 世纪 70 年代以来，环境保护署借鉴了水污染治理中所使用的排污许可证制度，对那些会对大气产生污染的企业进行了严格的监管。1990 年美国对《清洁大气法》进行了再次的修订，联邦政府制定了可靠的法律依据和详细的实施方案。排污权交易制度充分发挥了市场的功能，不仅仅刺激了某些技术落后的企业通过提高技术来减少排污量，还给大气污染治理成本较高的企业留出了交易空间，通过排污权交易体系来满足排污需求。

9.2.2 水污染治理

由于美国国土面积大、境内水资源相当丰富，政府对于水污染立法工作的制定也比较早，因此，美国建国后的一百多年里，水污染未曾成为美国环境治理的难题。但是，19 世纪末期以来，随着人口的迅速增长以及工业化的不断发展，源源不断的生活污水和工业废水排向河流和湖泊，水质急剧下降，水污染已经开始逐渐影响到美国居民的健康(吴湘玲和叶汉雄，2013)。在民众的压力下，美国政府开始采取措施来解决水污染的问题。

1. 立法先行

19 世纪中期美国联邦政府通过了美国历史上第一部明确治理水污染的法律——《水污染控制法》(1956 年、1961 年修订)，这标志着水污染治理正式走进了联邦政府的视线，政府态度也从只顾经济发展转变到兼顾环境保护的方向。其后，美国联邦在 1965 年颁布了《水质法》。这些法律的出台对水污染的治理起到了一定的效果，但水污染还是在继续，并没有得到根本遏制。1972 年，美国国会出台了《清洁水法》(1977 年、1987 年修订)，在 1974 年又颁布了《安全饮用水法》，从此美国水污染治理立法才逐渐走向成熟，污水治理的成效开始明显，国内水环境状况大幅好转。

2. 排污许可证制度

排污许可证制度是指单位或个人若是需要向环境中排放各种污染物,都必须经过环境保护部门批准后获得排污许可证才可以排放，否则就是违背了法律。美国是世界上最早采取排污许可证制度的国家之一，该制度也是美国水污染控制法律最为关键的部分，在水污染防治方面起到了明显的效果。联邦政府于 1970 年出台了《废物排放许可证计划》，1972 年颁布了《联邦水污染控制法修正案》，1977 年该法案得到了国会的再次修订，最终形成了《清洁水法》，该法的出台意味着水污染排放许可制度实施具备了法律基础。在《清洁水法》中，规定违反排放的行为将被视作违法行为，违法的企业会被环保部门处以一定额度的罚款，根据企业违法的严重程度处以每日最高 25000 美元的罚款。严格的法律责任保证了相关法律法规和政策措施的实施，从而提高了水污染治理的成效(刘长松，2014)。

3. 信息公开和公众参与机制

信息公开制度贯穿于美国政府关于水污染治理系列措施的始终，公众对环境污染状况、污染治理过程和结果具备应有的知情权。《清洁水法》和《联邦水污染控制法》中就明确规定，排污许可证的申请人有义务向公众提供排污信息，其基本信息也应该公开。正因为有了完善的信息公开制度,公众参与机制才可以更好地实现。公众参与机制主要有公开评论以及公开听证会制度两种形式。企业若是在申请排污许可证时发证机关暂时不同意,就需要接受公开评论;当有排污许可证但影响到公众利益时,需要举行公开听证会,根据听证会意见来做出最终决定。完善的信息公开和公众参与机制让公众能够参与到水污染控制活动中来,政府的相关措施都在社会监督下执行。

9.2.3　工业固体废物污染治理

工业固体废物指的是在工业生产活动中产生的固体废物,比如废渣、粉尘、高炉渣等都属于工业废物。自从工业革命以来,各国竞相发展重工业、化学工业等,且在固体废物排放方面也缺乏严格的法律规范和有序的制度管理,工业固体废物大量进入自然环境,对环境造成了极大的损害。工业固体废物也是美国最主要的污染物之一,美国每年排放固体废物近 40 亿吨,这些工业废物不仅大量占用土地,而且严重污染土壤、地下水,威胁着人们的身体健康。美国政府对工业固体废物污染的危害认知比较早,采取措施也比较及时有效,在控制工业固体废物污染方面有许多优秀的经验值得我们借鉴。

1. 制定相关法律

1965 年美国政府制定了国内第一部关于工业固体废物污染的法律——《固体废物处置法》,并于 1970 年对该法案进行了修订,而且更名为《资源回收法》。1976 年,联邦政府又出台了《资源保护与回收法》,该法律把固体废物分为危险和无危险两类,并且对“固体废物”、“危险废物”和“非危险废物”等三个概念进行了明确的区分,在美国固体废物管理方面有至关重要的作用。《固体废物法修正案》于 1980 年颁布,该法是对 1965 年制定的《固体废物处置法》的延伸和扩充。美国政府在工业固体废物方面出台的法律对污染的治理起到了极大的作用,使各州政府以及大小企业在工业废物处理方面有了明确的标准。

2. 市场机制与经济措施的应用

美国政府还引用了市场机制的策略来进行工业固体废物的管理:联邦政府规定固体废弃物排放量需要达到的总体目标和阶段性目标,然后给那些能够以经济有效的方法达成目标的企业发放许可证,让它们来实现政府的既定目标。有些企业和个人难以达到政府制定的目标,它们便可以通过向这些企业购买额外信用度的方法来降低污染物的排放。此外,政府还对工业固体废物采取经济措施进行管理,具体包括对固体废弃物收费和填埋税两种手段。在市场机制和经济措施结合运用的方法下,工业固体废物污染得到了有效的控制,政府的法律政策的执行也更有效。

9.3 英国环境治理经验

9.3.1 大气污染治理

英国是世界上第一个进行工业革命的国家，其经济迅速发展的同时也给环境带来了相当大的危害。1952 年的伦敦烟雾事件，是发生在伦敦的一次严重大气污染事件，由于空气污染所形成的厚重雾霾，直接或间接导致 12000 人因为空气污染而死亡，它也被称为英国史上最严重的空气污染事件。这次事件的发生也惊醒了英国政府，让政府下定决心来治理大气污染。

1.制定相关法律法规

伦敦于 1954 年通过了治理大气污染的特别法案。1956 年，英国政府通过了《清洁空气法案》，这也是世界上第一部空气污染防治法案。该法案强制伦敦市区的工业电厂全部关闭，只能在外城重建；要求企业修建高大的烟囱，以便于疏散空气污染物；城市里设立禁止使用产生污染燃料的无烟区。该法案实施的第二年，伦敦的空气质量就有了明显的改善。此后，英国于 1968 年修订扩充了《清洁空气法》，在 1974 年又颁布了《污染控制法》等。在这些法案的联合作用下，伦敦市的雾霾天数由每年的几十天减少到1980 年的 5 天。

2.调整能源结构

调整能源结构是从源头上对大气污染进行治理，传统的炉灶煤灰产生较多，排放大量废气，英国政府投入大量资金对其进行改造和升级，同时对煤炭进行处理，降低其二氧化硫含量。在污染较为严重的区域，政府投入资金对工厂设备进行改造，推进清洁能源的使用。

3.城市绿化

城市绿化也是大气污染治理过程中至关重要的一个环节。伦敦烟雾事件发生以后，政府大力整治大气污染，在城市绿化方面也是投入了许多资金和精力，终于取得了令人瞩目的成就。如今的伦敦就像一个大花园，其城市公共绿地面积超过 172 平方千米，人均公共绿地面积更是达到近 25 平方米。整个伦敦市都被包围在树木和草地之中，绿化渗透了伦敦市的各个角落。现在伦敦市的绿地远比建筑多得多，曾经频繁遇到的雾霾天，如今一年只有 5 天左右，"雾都"不再名副其实。

9.3.2　水污染治理

本节以泰晤士河为例分析英国水污染治理的成功经验。泰晤士河是英国的第二大河流，也是英国境内最重要的水路，素有英国的"母亲河"之称。然而，19世纪初以来，随着沿岸城市居民迅速增加以及各种工业厂区的修建，大量的城市生活污水、工业废水和其他污水未经处置就直接排放到河内，导致泰晤士河大面积污染，水质急剧下降，曾经风景秀丽的大河却逐渐变成了远近闻名的公共污水河。19世纪中期至 19世纪末，英国对泰晤士河水的污染进行了第一次治理，修建了两大排污下水道系统，确立了泰晤士河污染治理的总体规划。然而，这次治理尽管取得了一定的效果，但水污染总体仍然趋向恶化。于是，英国政府于 1955～1975 年对泰晤士河进行了第二次治理，这次科学治理的效果相当显著，因为污染而死寂百年的泰晤士河如今充满生机，已经恢复到接近污染前的自然状态(梅雪芹，2008)。英国这次治理泰晤士河成功，有很多经验值得我们借鉴。

1. 流域统一管理

英国政府将整个泰晤士河划分成 10 个区域，对河道实施统一管理，合并200 多个河道管理单位，建成一个新的水务管理局，即泰晤士河水务管理局。该管理局拥有许多权力，如控制污染物排放、制定水污染防治的法规政策等，同时还解决了传统污染治理办法资金不足的难题。另外，该局还特意设置了研究部门，负责研究和处理各种紧急问题。泰晤士河水务管理局的成立，整合了多方面的力量，打破了以利益为重、各自为政的混乱局面，推动了政策法规、治理措施的顺利实施。

2. 完善的污水处理系统

19 世纪中期对泰晤士河的第一次治理，首次建立了污水处理设施，到了 20世纪中期一共修建了近 200 个小型污水处理厂，但是此时这些污水处理厂中的设施设备相当陈旧和落后，远不能满足治理当时污染仍然严重的泰晤士河。因此，英国政府于 20 世纪 60 年代加大资金投入，将原有的小型污水处理厂合并成大型污水处理厂，并且对以前落后的污水处理设备进行改进和升级，从技术手段层面上提高了污水治理能力。

9.3.3　工业废弃物污染治理

作为最早进行工业革命的国家，英国也最早遭受工业化所带来的负面影响。然而，最开始英国政府对于工业污染并没有多重视，因此污染治理也仅限于对污染严重的城市进行局部治理。直到由工业污染导致的环境污染事件频繁发生，工业污染等问题才正式被提上国家的议事日程。

1. 相关法律出台

1974 年英国政府制定了《污染控制法》，1990 年又出台了《环境保护法》，这两部法律都对工业废弃物污染的防治做了明确的规定。政府后来又相继颁布了《废物管理许可证管理条例》(1994 年)和《废物管理文件》(2003 年)，对工业废弃物的治理提出了如建立废物许可管理证等更加具体的措施。

2. 废物管理许可证制度

许可证制度是英国废物管理体系中最早的废物管理制度，也是废物管理体系的核心制度(石杰和梅凤乔，2006)。该制度主要是通过行政许可的手段对"指令废物"处理、处置、回收等行为进行控制，从而确保这些行为不会对环境造成污染的目的。"指令废物"指的是除了放射性废物及矿山废物之外其余所有的工业废物、商业废物及生活废物等。按照废物管理许可证制度的规定，企业但凡需要对"指令废物"进行任何处理行为，都需要先到环境署登记，申请获得许可证，在取得许可证之后才可依据制度相关规定进行废物的处理。英国所采取的废物管理许可证制度涵盖的范围极广，执行达成度也很高，在对工业废物污染处理方面取得了相当显著的成效。

9.4 日本环境治理经验

9.4.1 大气污染治理

"四日市哮喘事件"是世界八大公害事件之一，它发生在 1961 年位于日本东部海岸的四日市。1955 年以来，该市修建了 3 家石油化工联合企业，还有十余个石化大厂和一百余个中小企业围绕在其周围。由于缺乏相关法律法规制约，这些石化厂所产生的工业废气全部排向自然环境，严重污染了城市空气(黄锦龙，2013)。这次事件的发生也给日本当局敲响了警钟，因此日本采取了一系列强有力的措施来治理大气污染，空气质量状况才有了明显改善。

1. 出台相关法律

1962 年，日本政府出台了《煤烟排放规制法》，用法律手段对煤烟排放进行了明确的限定。20 世纪 70 年代又相继出台了《大气污染防治法》(1968 年制定，1970 年修订)、《关于在特定工厂整顿防治公害组织法》(1971 年制定)和《烟尘控制法》等法律法规，依据法律推进大气污染治理，保证了相关措施的有效实施。

2. 管理体制

在大气污染的治理过程中，日本采取了政府、企业和公众三位一体的管理方式：由日本政府出台污染治理的相关法律法规、制定环境政策和措施，规定大气污染控制的标准，并且投入资金来保证各项政策和措施的有效执行；企业必须遵循相关法律和污染控制标准来处理工业废气，在公害防止管理员的监督下对污染排放物设备进行管理；公众有权对企业的污染治理进行监督，并且通过政府与企业签订的公害防治协议参与到大气污染的社会管理当中。

3. 固定污染源的治理

固定污染源是指由工厂、化工企业等固定场所排放的工业废气所产生的污染。工厂在制造产品的同时不可避免地伴随着排放污染物。为此，日本政府制定了相当严格的排放标准来限制各排放大厂，对于排放污染物超过标准的企业进行经济处罚，同时政府也积极引导企业采取排污减排的技术升级、能源结构调整以及改用清洁能源等措施从源头上减少污染物排放。

4. 控制机动车（移动污染源的治理）

机动车排放出的尾气是大气污染的主要原因之一，汽车尾气属于移动污染源，与固定污染源相对应。日本政府为了控制机动车尾气排放，采取了以下措施：

(1)推广低排放车，政府投入资金支持企业开发低公害、低排放机动车，并对购买低排放车的消费者给予一定的税收减免甚至全额免除。

(2)通过城市交通管理系统，对机动车采取单体限制、车种限制以及运行限制等措施，调整、减少机动车上路数量。

9.4.2　水污染治理（以琵琶湖为例）

琵琶湖位于日本滋贺县，其面积约 674 平方千米，是日本境内的第一大淡水湖。同时它还是附近地区 1400 万人的供水水源地，因此也被人们称作"生命之湖"。然而，二战之后的日本，随着城市化的推进以及其集中力量发展重工业、化学工业，大量的生活废水和工业污水无节制地乱排放，使琵琶湖的水环境受到严重污染，水质急剧恶化。1977 年，琵琶湖发生了大规模赤潮，赤潮震惊了日本社会。20 世纪 70 年代初开始，在日本政府的资金和政策支持下，当地政府和民众同心协力着手治理琵琶湖污染。经过长达 30 年的持续治理，政府投入资金近 185 亿美元，现在的琵琶湖水环境状况得到了明显的改善，更是成了著名的旅游胜地。琵琶湖水污染治理所采取的措施主要有以下几点。

1. 制定实施相关法律法规

日本政府早在治理琵琶湖水污染之前就已出台了《公害对策基本法》(1967年)、《水质污浊防止法》(1970年)，足以说明其对社会公害和环境污染的重视程度。当地政府依据这些法律法规，针对琵琶湖水污染情况，相继制定颁发了《琵琶湖环境保全政策》(1972年)、《关于防止琵琶湖富营养化的相关条例》(1979年)、《新琵琶湖环境保全对策》(1980年)等一系列相关法律法规。滋贺县政府在这些法律的指导下采取有效措施，制定了多次湖泊水质保护计划，从多方面对琵琶湖水污染进行治理，其水环境状况日趋好转。

2. 严格控制污染源

为了从源头上减少琵琶湖的污染，滋贺县政府每年都在下水道管网和污水处理厂的建设和完善上投入大量的资金。如今琵琶湖周围建立了9个大型的污水处理中心，周边城市的下水道普及率也非常高。由于污水处理设施的完善以及采取生物氮移除等先进技术，琵琶湖污染源得到了有效的控制，水环境状况也明显好转，这不失为一种成功的污水治理经验。此外，政府还对周边农业污染进行控制，主要采取了减少农药化肥使用量、农田排水循环使用等措施，农户们同时还会获得政府的财政补贴。

3. 公众参与环境教育

琵琶湖污染治理过程中还有一条宝贵经验就是让社会公众在政府的引导下积极参与水污染治理的全部过程，一方面可以极大地提高公众的环境保护意识，另一方面也能让各个污染治理部门在社会监督下尽心工作。全民参与和公众监督的手段相结合，才能真正实现对琵琶湖水环境的保护。公众参与琵琶湖治理的主要形式体现为：参与水污染治理政策的制定、掌控水污染治理情况的信息、积极参加环保科普教育活动和流域研讨会的活动以及参加环保活动日活动。日本政府更是重视环保教育的有效推广：本着环保教育从小学生抓起的理念，在所有小学都开展了环保教育的课程，增强了小朋友们的环保意识；针对成年公众则是通过媒体宣传和社会团体开展环保知识讲座的方式进行环保教育，整个滋贺县公众的环保观念得到了极大的提升。

9.4.3　工业废弃物污染治理

二战以后，日本经济得到迅速恢复，进入了高速增长时期。日本政府于1960年制定了《国民收入倍增计划》，在钢铁、化工、石油等产业飞速发展的带动下，日本的GDP增长了5倍。但是，国民经济高速发展的代价却是严重的环境污染。20世纪世界范围内发生的环境八大公害事件，其中有四件都发生在日本，而这四起环境污染事件发生的最根本原因都是因为工业污染。随着工业污染导致的环境污染对社会的危害越来越大，公众也愈加关注环境问题，日本政府也才开始重视工业污染的治理(郭廷杰，2003)。

1. 依法治理

1970 年日本政府颁布了《废弃物处理法》(经 1991 年、1997 年两次修订)，该法案首次将废弃物分为家庭废弃物和工业废弃物两种类型，并且规定工业废弃物由企业在政府的扶持下负责处理。20 世纪 90 年代以来，日本政府相继出台了《资源再生促进法》《容器包装再生利用法》《建设废材再生法》《环境基本法》等一系列关于废弃物综合利用的法律。2000 年出台的《建设循环型社会基本法》通过更加全面的方式促进资源循环利用。至此，日本政府关于工业污染治理的法律体系基本框架建设完成。

2. 科学治理

日本在治理工业污染时十分重视科学技术的作用，通过引进国外先进的科学治污技术并在其基础上针对本国具体情况进行创新和改进的方式，成功地找到了一套适合日本污染治理的科学治理体系。比如针对容器包装利用率低的问题，日本政府出台了《容器包装再生利用法》，主要就是通过学习德国的经验，由容器包装协会负责处理废弃塑料，并且承担相关的费用，在利用技术上也主要是采取德国所使用的对不能再生利用的废弃塑料优先供高炉喷吹的手段。

9.5　国外环境治理经验对我国的启示

1. 健全法律法规，加大执法力度

纵观三国环境污染治理的经验，我们不难发现，发达国家在进行环境污染治理时，相当重视法律法规的制定。美、英、日三国在进行环境污染治理的时候，都是首先由政府制定法律政策，然后地方政府或者企业再根据相关法律的要求采取各种措施和行动(李蔚军，2008)。由此看来，建立健全环境保护法律体系，并在此基础上严格依法进行污染防治，是环境污染治理的第一要务。尽管我国在环境保护与环境污染防治方面已经出台了一系列法律法规，其中以《环境保护法》《水污染防治法》《大气污染防治法》《固体废物污染环境防治法》等几部侧重于环境污染防治的法律为代表，但是这些法律在内容细致性、标准规范性、措施可操作性、体系完备性等方面还有所不足，与环境保护法律体系较为成熟的国家还有一定的差距。因此我国政府还需要在环境保护立法方面进一步设计完善，比如可以通过对环境保护的基本法律进行调整范围的转型，改变传统的污染防治法

律体系，采取包括污染防治在内的环境保护和环境建设相结合的环境法律体系。

此外，我国在环境治理方面还需要加大执法力度。具体做法包括：公开、公正、透明执法，同时接受公众监督，引导公众参与执法；对违反污染排放规定的企业或个人予以一定额度的罚款，对情节严重者可以采用行政手段进行惩罚；执法与守法相结合，让公众理解环境守则，倡导公众自觉守法。

2. 完善排污许可证管理体系

我国环保法律中早已提出要实施排污许可证管理的要求，2016 年底《控制污染物排放许可制实施方案》和《排污许可证管理暂行规定》两项法案的出台也说明了政府对该体系的重视，但是我国的排污许可证排污体系还需要进一步完善。排污许可证的管理体系包括申报、审批、发证、监管、处罚等一系列过程，任何一个过程的缺失都会使管理体系不够完善，从而导致管理效果不明显。我国在排污许可证管理体系中存在的问题主要是"发而不管"，过于关注污染物的总量而对排污的监管程度较弱，对于违反规定的企业的处罚力度不够。完善排污许可证管理体系可以从完善许可证立法、对排污许可证进行分类分级管理、信息公开和公众监管、构建排污许可证政策平台等方面入手。排污许可证制度应该被视作环境保护与污染防治的核心制度，我国在排污许可证管理制度的完善方面需要汲取国外先进的管理经验，并且结合我国国情进一步完善。

3. 大力发展循环经济

循环经济按照自然生态系统物质循环和能量流动规律重构经济系统，使经济系统和谐地纳入到自然生态系统的物质循环的过程中，建立起一种新形态的经济。循环经济在本质上就是一种生态经济，要求运用生态学规律来指导人类社会的经济活动。循环经济对于减轻环境污染程度、提高资源利用率等方面有明显的效果，在某些发达国家已经得到了广泛的应用。循环经济是一种以可持续发展为目标的新型经济发展模式，它和传统的线性经济增长方式有本质的区别，表现为以"资源-产品-再生资源"和"生产-消费-再循环"的模式来高效率地利用资源。循环经济也可以为经济发展开辟新的资源、能有效减少污染物的排放、有利于提高经济效益等。我国目前已经出台了《循环经济法》，但是在建设循环经济社会的路上要走的路还很长，这方面我们应该借鉴美国、英国、日本等发达国家的建设经验，早日建成循环经济型社会，真正做到"减量化、资源化、再循环"。

4. 开展环保教育工作，加强公民环保意识

从美、英、日三国环境污染治理的经验中我们不难发现，在国家制定法律政策和采取措施行动的同时，总是会兼顾对公众全方位实行环保教育，从而提高公

众的环保意识。我国的环保教育工作还处在起步阶段，借鉴三国的经验就显得尤为必要了。当前我国环境教育工作的主要问题是不成体系，对于企业和公众的环境教育都比较薄弱，整个社会的环保氛围也不够浓厚。对于企业环保教育的开展，我们可以通过政策将环保教育渗透到商业教育当中，扶持建设环保企业，并对那些绿色健康的企业给予表彰奖励；公众环保教育的开展可以通过在电视、公共汽车、地铁、网络等平台播放寓意深刻的环保教育公益片来实现，并通过媒体宣传提升大家对环保的深刻认识。此外，环保教育一定要从学生抓起，政府和教育局有关部门可以定期在学校开展环保教育知识讲座，让学生们对其有明确的认识，还可以由老师组织学生去污染严重的区域进行调研，深刻理解环境污染所造成的危害。

环境污染治理是个漫长而痛苦的过程，要明白光靠政府是不能彻底解决环境污染问题的，只有当政府、企业、公众三个群体都有了强烈的环境保护意识，并且在政府的相关政策下积极地采取行动，才能真正建成绿色、健康、可持续发展的和谐社会。

第10章 我国环境污染治理的政策选择分析

在中国共产党第十九次全国代表大会上，习近平总书记指出了建设生态文明对我国社会主义现代化建设的重要性，提出了推进绿色发展、着力解决突出环境问题、加大生态系统保护力度、改革生态环境监管体制四条建议。对于我国的现代化建设现状，我国需要寻求人与自然和谐共生的发展模式，"十九大"报告多次提出了"建设美丽中国"的发展目标，这意味着我国在追求经济发展的同时，更加注重生态文明的建设。近年来，在生态环境保护与环境治理等方面，我国相继出台了一系列政策。譬如，在环境保护立法方面，我国于1989年颁布了《中华人民共和国环境保护法》。同时，也有涉及不同方面的环境保护法，譬如在污染防治方面，我国颁布了《中华人民共和国水污染防治法》《中华人民共和国大气污染防治法》《中华人民共和国固体废物污染环境防治法》《中华人民共和国环境噪声污染防治法》《中华人民共和国放射性污染防治法》等；在生态保护方面，我国颁布了《中华人民共和国海洋环境保护法》《中华人民共和国环境影响评价法》，这充分说明了我国政府对环境污染治理工作的重视。虽然我国在环境治理方面实施了一些政策措施、开展了一批环境治理工程，环境污染形势得到了一定的控制，环境治理能力也得到了逐步提高，但还是未能从根本上解决环境污染问题，依然走的是"先污染后治理"的老路，还存在着与新形势、新任务、新要求不相适应的问题。我国环境污染的有效治理是一个经济、社会与发展相互交织的复杂系统工程，其根本不是通过末端治理来治标，而是通过转变经济发展方式来实现环境治理的治本。党的十九大对生态文明建设做出了重大部署，把坚持人与自然和谐共生作为基本方略，提出了"加快生态文明体制改革、建设美丽中国"的一系列重要论述，按照生态文明建设的理念，本章结合前面我国环境污染评价的实证分析，梳理我国现有环境治理的政策体系，遵循长期和短期结合、治标和治本兼顾的原则，科学地做出我国环境污染治理的有效政策选择，探究出一条适合我国国情，既不影响经济社会的可持续发展，同时又兼顾环境保护的现实路径。

10.1 构建多元共治的生态环境网络化治理政策体系

构建多元共治的生态环境网络化治理政策体系，要求我国政府、企业与民众三方的共同努力，形成"政府主导、企业主体、民众参与"的网络化治理政策。

在"十九大"构建"生态文明中国"的蓝图中，也提及了多方参与政策相较于我国之前的单方面治理政策的优势。由于受到历史条件、区位因素、国家政治、环境政策等因素的影响，我国的生态环境问题错综复杂，不仅有作为能源供应基地导致资源过度开发的原因，也有经济的高速发展带来资源的过度消费的原因。如何正确规范各类行为主体在资源开发与环境保护、人与自然方面的天人合一关系，这成了生态环境治理政策所要解决的问题。以政府为主导的传统环境治理政策在环境治理过程中存在着明显的局限性，因此，必须实现环境政策的改革，形成以政府主导、市场推动、社会参与、协同共进的多元共治的网络治理模式，这已成为我国环境治理的必然选择。生态环境网络化治理是一种全新的治理模式，不仅是资源节约的治理，也是一种多元主体共同参与的治理，而且通过诉诸公共利益实现良性互动与协同的治理。该模式依据新环保法，改变了以往环境治理主要靠政府的单打独斗方式，政府负责环境质量、企业承担主体责任、社会组织依法参与、新闻媒体舆论监督，各司其职，有效缓解了当前我国生态环境治理过程中出现的"一维""二维"等治理困境。

10.1.1　构建生态环境网络治理模式，推动区域环境治理

我国生态环境网络治理模式构建如图 10.1 所示。该模式打破了传统以行政区划为界限的地方分治模式，是一种全新的环境治理结构和制度安排。它建立在我国共同利益的基础上，将政府、市场、公众等主体纳入环境治理过程中，形成了中央政府、省级政府与基层地方政府之间，政府与公众之间，政府与市场之间等多元主体参与及互动的网络共治模式。

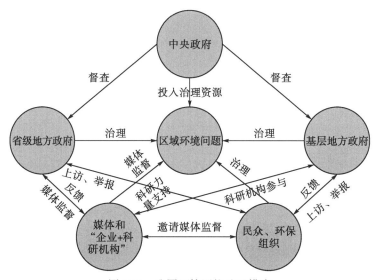

图 10.1　我国环境网络治理模式

我国生态环境网络治理模式的构建，不仅需要多元主体的参与和各区域之间的协同合作，还需要一定的运行机制和保障机制来实现环境治理目标，提高治理效率。一是构建自上而下的政治权威压力，中央政府加强对区域政府的管理。在我国现行行政体制下，基层政府在快速发展经济的同时，缺乏治理环境的自愿动机与协作治理意愿，因此，要推动区域环境治理进程，不仅需要经济社会可持续发展和公众利益的诉求，更需要中央政府以及各区域政府自上而下的支持与推动。当官员考核与晋升机制以环境治理绩效为基础时，地方各级政府会通过合作、协作、谈判等方式来构建一种新型伙伴关系，强化地方各级政府环境治理的积极性，对跨区域环境治理产生积极影响。二是基于合作收益构建市(州)等各级政府的横向合作动力机制。现实表明，地方政府以行政区划进行独立环境治理的效果并不显著，仅仅依赖自上而下的行政命令，也还不足以推动地区环境质量的改善，因此，地方政府间基于利益来讨论环境合作治理的可能性、可行性，才能使合作收益具有预期性，环境绩效才能取得稳步进展。三是构建地方政府间协作治理的联动机制。地方政府间的沟通、信任、协同对我国环境治理绩效具有重要的影响，只有构架起地方政府间的信任机制、利益协调与沟通机制，才能激发各级政府加强环境治理的合作，从而推动我国的环境治理事业。四是构建政府间环境治理的制衡机制。通过我国环境保护定期联系会商制度、环境污染联防联控制度、环境事故跨界协商处置制度等对地方政府在合作治理过程中的机会主义行为进行遏制，避免"搭便车"现象，推动区域环境治理绩效的提升。

10.1.2　完善政府主导型生态环境治理政策

根据"十九大"构建的"美丽中国"蓝图，我国政府应把发展重心放在环境治理方面，而不仅仅是一味地追求经济效益。之前，由于对生态环境的重要性认识不足，我国各级政府都将政府管理职能的重心放在经济领域，而忽视了环境治理职能，加上环境保护政策的缺失，环境法制观念淡薄，导致我国的生态环境治理困难重重。作为生态环境治理主体的各级政府，应当发挥其政府治理的主导地位，确立生态环境保护的战略地位，健全生态环境治理政策与制度、组织好生态环境治理监督工作等，不断推进生态环境建设。

1. 健全各地环境保护立法

从各地区的立法方面来看，基本是依据国家、部委等制定的相关环境法，而地方立法数量较少，即使有一些立法，其与国家的法律有一定的不协调性，可操作性与立法针对性不强，区域特色不明显，导致所立法律质量不高。因此，我国各地区不应该仅仅依照国家制定的法律来制定地方环境保护法，而应根据本地现有的环境保护与治理相关的法律法规现状和实际需要，发挥地方政府立法的积极性，针对具有普遍性、全局性、根本性的重点问题开展生态环境立法。拿四川省来说，近年来，四川省颁布了《四川省辐射污染防治条例》《四川省固体废物污染环境防治条例》《四川省〈中华人民共和国大气污染防治法〉实施办法》《四川省〈中华人民共和国环境影响评价法〉实施办法》《四川省自然保护区管理条例》《四川省饮用水水源保护管理条例》《四川省环境保护条例》等法律法规。但还应该对森林资源保护、草原植被恢复、资源开发、土壤治理与修复、流域生态环境保护、湿地环境保护等生态环境问题给予法律规范，维护四川省生态环境安全。我国其他省份也可以充分借鉴四川省在法律制定方面的经验，用法律的强制性规范各地的环保事业。

2. 优化生态环境管理体制

从我国现有的生态环境管理体制来看，由于主体责任和义务不明确，呈现了诸多如条块分割、管理混乱、政策重复交叉等问题。第一，中央政府与各地区政府的冲突。中央政府及相关部委制定全国统一的环境政策、规划等，省级政府主要负责贯彻执行中央和部委的环境政策，管控地方的环境质量，但由于两者目标不一致，省级政府会从本省利益出发，注重短期利益，大力发展经济，增加财政收入，往往和国家的长期利益相违背，导致大量的资源消耗，增加了环境成本。第二，我国各省内市(州)政府之间的矛盾。由于缺乏环境保护方面的横向合作渠道，各市(州)政府只负责本地区的环境质量问题，而当出现跨区污染问题的时候，特别是环境污染由本地区往外地转移时，各级政府往往会推卸责任，出现地方保护主义行为。第三，我国环保部门本身的管理体制缺陷。我国环境管理部门众多，监督管理体制层次众多。由于多领导、多部门管理，导致环境保护的管理权限极度分散，各个部门为了自身利益，权利争夺、权利重叠等现象时有发生，过多的环境管理部门导致诸多负面效应。第四，市场机制被行政命令弱化。如在退耕还林政策实施中，政府代替了大部分市场行为，如工作布置、检查验收、粮食方法与补助等，导致政府行政成本增加，降低了工作效率。因此，应从国家环境政策大目标出发，优化生态管理体制，合理划分管理权限等。

3. 加强生态环境执法建设

加强生态环境执法建设，依法行政，是我国自然资源有序开发、生态环境保护等问题的切实保证。第一，加强环境保护队伍建设。环保执法人员的品质、学识、法律领悟能力、执法业务水平都将对环境保护产生重要的影响。因此，应通过定期培训等方式强化环境知识和法律知识，强化执法队伍的服务意识，规范执法行为。第二，严格执法。我国地域辽阔，资源丰富、民族众多，这为环境保护增添了诸多障碍，因此，应坚决实施各项环境保护方面的法律制度，通过将专项检查与日常执法工作相互结合，严肃查处违法排污企业，全过程控制建设项目的环境管理。第三，明确执法权限。应探索新型的管理模式，打破行政区划界限，集中执法权力，逐步消除多部门、多头的管理体制机制。

10.1.3　优化市场推动型的生态环境治理政策

仅仅依赖政府主导型的生态环境治理模式已经不能适应环境保护的需要，除了环境管理必要的行政手段外，还需要信贷、征税、补贴、许可证制度等多种经济手段，因此，应充分发挥市场机制的作用，有效解决外部不经济问题，促进资源要素的合理流动，提高环境管理的市场化程度，降低环境管理成本。结合我国现有情况，重点对环境这种公共产品的产权界定及市场化进行重点研究，全面推进生态环境治理工作。

1. 健全资源产权制度

我国幅员辽阔，自然资源丰富，但长期以来，我国诸多资源丰富的地区由于未按市场机制运行，其资源环境价格与实际价值相互违背，导致资源过度开发，浪费严重，生态环境恶化。个中缘由，主要是没有确定明晰的资源产权制度，资源的产权意味着水流、草原、森林、矿产等自然资源的排他性占有和使用，归属清晰、权责明确的产权制度安排可有效降低交易成本，规范各类经济行为，实现资源的合理配置。通过健全资源产权界定、产权交易及市场交易等制度安排，可有效地提高生态资源配置效率。

2. 全面落实资源有偿使用制度及生态补偿制度

在《中共中央关于全面深化改革若干重大问题的决定》中，明确表明要实行资源有偿使用制度和生态补偿制度。资源的有偿使用制度是通过"谁污染、谁付费原则"给资源赋予资源价格，反映资源市场供求关系，体现资源稀缺程度，不仅可以促进资源的有效流动，鼓励节约资源，采用高新技术提高资源的利用效率，而且还可以带来充裕的生态环境治理资金，为实现环境治理目标提供经济基础。对于我国自然资源丰富的地区，生态环境的保护是我国生态文明建设的重要历史使命，关系到全国的可持续发展，应通过财政转移支付给予这些地区一定的生态补偿，保护其过度开发的脆弱生态系统，保障该地区公众的利益。

10.1.4　强化公众参与型的生态环境治理政策

近年来，公众环境意识的提高，起初以政府传统行政命令为特征的环境治理模式逐渐向多元参与、协同合作的方向转变。公众作为环境治理过程中的重要力量，是生态环境网络治理不可或缺的主体，在环境法律法规、政策、环境监督等方面可发挥不可低估的作用，可有效协调不同利益主体之间的关系，使环境决策体现出民主性、科学性。因此，我国政府应强化公众的环境保护参与意识，完善相关法律制度与环境污染听证制度，扶持培育社会团体，强化公众举报和监督制度，确保公众参与机制的良性运转。

1. 大力开展环境宣传教育，提高公众环境保护意识

环境保护意识是指人们的环境意识水平、环境参与程度、对待环境的态度与行为等。由于我国人口众多，公民素质参差不齐，公众环境意识淡薄，参与水平较低，因此，应强化环境保护教育，针对城镇、农村不同群体选择差异化的宣传教育方式，注重公民环境观念和环保义务的培养，培育关爱生态环境的文化氛围，搭建公众参与环境保护的平台，提高公众参与环境保护的积极性，促使人们培养有利于环境保护的消费方式和生产方式，重塑人们的资源环境观。

2. 完善公众环境保护参与政策及公众的表达机制

目前，公众参与我国环境治理过程的途径非常有限，当污染、环境破坏行为威胁到自身的时候才会主动采取措施维护自身的环境权益。因此，完善我国相关的法律法规，对公众的环境权利与义务、知情权、参与权与建议权等进一步具体化，构建公众全过程参与的制度体系，实现环境决策程序的民主性和科学性，改变公众现有的消极环境参与行为。特别是完善公众环境外部监督机制，改变现有环境治理中的上下级监督和自我监督的困境。同时，健全公众的表达机制，扩大公众参与途径，倾听公众意见，为公众提供更加广泛地参与环境管理、环境监督的渠道，推动环境治理工作深入有效开展。

3. 优化环境信息公开制度

通过环境信息的公开，公众可了解环境决策过程、决策目标、决策程序和目标，这是公众参与环境治理的前提条件。虽然我国每年都会通过不同的渠道发布环境公报等信息，但公民参与信息整理、加工等环节都比较少，而且公众对各类资源现状、污染程度及趋势等知之甚少，起不到环境公报应有的效果。因此，有必要进一步优化环境信息公开制度，发展与环境保护形势相一致的信息公开制度与责任追究制度，扩大环境信息公开范围，加强环境信息的透明度。

4. 培育壮大环境保护组织和团体

我国环境组织和团体一般都以学会、协会、社会团体的形式存在，真正意义上的环境保护组织数量比较少，团体规模比较小，力量不强，而且大都具有官方或半官方性质。因此，依托一定的制度建立起区域性的非政府环境保护组织，并给予大力培育和扶持，积极鼓励群众参与各类型的环境保护组织，构建环境保护组织参与的保障机制，形成与政府环境治理的竞争态势，充分发挥环境保护组织

和团体的作用。

10.2 提升科技创新能力，促进产业集聚，发展清洁生产

根据前述的实证分析，我国的很多省份尚未跨过产业集聚改善环境污染的门槛值，因此，有必要大力提升我国的科技创新能力，积极引导拥有环保技术优势的企业向清洁生产方向转型，使我国尽快跨越产业集聚改善环境污染的"拐点"位置。

10.2.1 实施创新驱动发展战略，提高产业集聚水平

目前，我国应该注重国家的环境治理创新技术，实施创新驱动发展战略，推动全国各个产业、行业的集聚，提升产业集聚效应，提升我国环境质量和经济发展水平。

1. 强化企业创新主体培育，推进产学研协同创新

实施规模以上企业技术创新工程，引导企业编制创新发展规划，建立科技创新投入稳定增长机制，鼓励企业自主创新与引进国外先进技术工艺并重，引领产业技术转型升级与绿色产品结构调整，培育一批国家和省级创新型示范企业。实施高新技术企业培增工程，培育一批拥有核心技术、自主知识产权、高增长性的企业，组织企业实施一批具有前瞻性、带动性的重大科技项目与重点关键技术，引导和支持其成为高新技术企业。实施科技型中小微企业提质增效工程，对该类企业分类指导，因企施策、一企一策，对高增长且有潜力的企业给予重点扶持，同时加大各类财政资金支持创新活动的力度，制定实施加快科技型中小企业发展的政策措施。

2. 以市场需求为导向，推进创新平台载体建设

推进全面创新改革试验的战略部署，加快推进国家自主创新示范区、战略资源开发试验区建设，在材料、生物、电子信息领域成立一批国家级实验室及工程技术研究中心，建设一批开放共享的科技创新公共服务平台，为企业的清洁生产提供技术支撑。

3. 优化科技创新财政金融政策

产业集聚水平的提高，有利于集聚区内企业科技创新能力的提升，对企业新产品决策有明显的促进作用，不仅给企业带来创新效益，也会对区域的发展产生技术溢出效应，因此，政府的科技创新财政金融政策则会发挥积极的引导作用，

突破产业集聚发展的瓶颈，促进产业集聚水平的提高，快速跨越我国部分地区产业集聚污染环境的"拐点"。

4. 推进军民融合创新发展

突出军民深度融合的发展方向，加强军民融合协同创新体系建设，形成政府、军队、院所、企业、社会协同创新的发展格局，优化军民融合创新技术转移服务，完善军民融合创新发展机制，激活我国的国防科技资源，为企业清洁生产服务。

5. 加大科技创新资金支持力度

通过不同的资金渠道，力争突破一批关键技术，转移一批重大科技成果，激发科技创新主体的创新活力，深化产学研合作深度和广度，发挥协同创新的溢出效应，改变我国劳动密集型和低端制造的发展格局，依赖科技创新突破产业集聚发展的瓶颈，升级与延伸产业链，提高科技创新成果的转移转化效率，促进产业集聚的高端化，实现产业集聚和环境污染治理的双赢。

10.2.2　完善我国的环境规制政策

由于环境问题属于公共物品，具有一定的外部性问题，因此单纯依靠市场无法有效解决环境污染问题，需要通过政府的行政管制才能有效改善环境问题。

1. 优化完善环境规制政策激发产业科技创新的倒逼机制

通过完善环境规制政策，加强企业的环境规制力度，提高规制强度，构建完善的区域环境检测网络体系，且制定跨区域环境综合治理的联动机制。通过这些环境规制方式与措施，给予企业较高的环境压力，倒逼产业集聚区域的企业进行清洁生产技术、末端治理技术、废弃物减量化技术等研发活动，优化企业的资源配置效率，激发"创新补偿"效应。

2. 加大环境规制的罚没力度

制定促进产业结构优化升级、激发环境污染治理科技创新活力等方面的导向政策，发挥科技创新改善环境污染的积极作用。提高执法人员素质，规范执法行为，切实要求企业执行相应的环境规章制度，加大罚没力度，增强企业的科技创新意识和环境保护意识。

3. 通过环境规制政策给予集聚区域企业更多的优惠与扶持

由于我国各地区空间分布的非均衡性，产业结构存在较大差异，应根据不同地区制定不同的优惠扶持政策，完善环境保护政策法规，健全污染者付费制度，构建多元环保投融资制度，同时增强企业的环保意识与政府环境规制水平，不断提升优化我国的产业结构。

10.2.3 提高产业集聚区的门槛准入机制

当我国与国外的产业对接时，不能单纯追求资本数量与经济发展水平，为了自身的可持续发展，应在一定程度上提高环境准入门槛，对外来资本进行有效甄别与筛选，最大程度减少环境污染的转移，通过高质量的产业转移提高我国的产业集聚发展水平。同时，提高聚集区门槛准入机制，须加大对企业科技创新能力与环境污染排放规制能力的考核力度，可从企业的研发经费占产值的比重来衡量，促使企业不断进行技术改造升级，从而提高企业效益，减少环境污染，降低企业成本。特别是加强集聚区内高端服务业和生产性服务业的发展，提升服务业集聚水平，优化外商投资环境，扶持成长性、科技型中小企业；围绕传统制造业优化改造，积极向产业链附加值高、产品技术含量高的现代制造业方向发展、延伸，坚决淘汰环境污染程度高、技术陈旧落后的产业，积极引导具有环保技术优势的外资和沿海企业向清洁性产业转移，积极发展高新技术产业和战略新兴产业。

10.3 加大环境治理资金投入，优化环境治理投资结构

10.3.1 加大我国生态环境污染治理资金的投入

1. 增加环境保护资金的预算比重，构建环保财政资金的长期增长机制

为保证生态环境治理的充裕资金，应以法律法规的形势在财政预算中的环保科目增加该预算的比重。同时为了构建环保投资增长机制，政府应充分了解区域范围内的环境影响因素及其差异性，制定早期的投资计划，若预期经济没有出现增长，则修正投资计划，若经济出现了增长，则应保持环境治理投资力度，改善投资计划以协调经济增长的不平衡性。

2. 完善环境保护资金监管机制，对各级环保专项资金投资效率进行考核和监督

为了防止环保资金的流失或挪用，政府应定期对环保资金的使用情况、到位情况进行公布，让企业和公众切实了解环保资金的走向。进一步完善环保资金使用和投资考评体系，提高资金的使用效率。同时，加强民众对环境保护投资的监督意识，为民众提供环境投资监管的渠道和途径，确保其监管积极性。

3. 拓宽环境治理投资来源

为全面推进我国突出环境问题的解决，我国政府应进一步加大环境治理投资经费的支出，为环境治理提供有力的资金保障。同时，基于"谁投资、谁受益、保本微利"原则，拓宽环境治理投资资金的来源与渠道，引导民间资本参与我国的环境污染治理，鼓励政府、企业、社会联合起来共同承担环境治理责任。

10.3.2　优化环境治理投资结构

1. 适度的企业环境治理自筹资金比例

企业作为市场经济的主体，在环境污染治理过程中发挥了无比重要的作用。提高企业的环境治理自筹资金的比重，会促使企业减少原材料的投入，提高自身的环境治理投资效率，还可以通过科技创新能力的提升使产出最大化。但是，若企业承担过高的环境污染自筹资金比例，不仅会加重企业的成本负担，也会挫伤企业治理污染的积极性。

2. 优化环境治理投资资金使用结构

在环境治理投资资金使用方面，应利用有限的资金，针对不同的污染采取合适的治理方式，优化资金使用结构与资源配置方式。我国工业污染治理投资规模与工业经济的发展水平极度不相适应，较小的治理投资规模不仅不能满足污染治理资金的需要，而且达不到治理目标，因此，应适当提供工业环境污染治理投资的比重，特别是工业废水与废气的投资比重。

10.3.3　增加环境污染治理投资产出效率

我国污染物排放量呈现逐年上升的趋势，而且由于环保产业发展水平低下、环保设施投资与运行缺乏竞争机制等原因，导致我国环境治理投资的综合技术效率也比较低。因此，有必要加大环保科技投入的比例，在废弃物循环利用技术和原材料减量化使用技术等方面加大研发投入，同时，优化我国的产业结构，对电力、钢铁、建材等污染物排放的重点行业进行控制，提高环境治理投资的投入产出效率。

10.4　推进产业结构优化调整，转变经济增长方式

产业结构优化调整是改善我国生态环境质量的重要方式，不仅要优化产业结构比例，更要对三产业自身的内涵进行优化。对农业而言，应不断加强农业现代

化的进程，提高农民的素养与科技水平，加大资金扶持力度，加速农业产品的市场化、商品化和专业化，构建适度规模经营的机制，实现传统农业向现代农业快速转变。对于工业而言，依靠科技进步改造升级传统工业以"高能耗、高产出、低污染"的发展模式，提高工业产业的科技水平。对于第三产业而言，我国应突破限制现代服务业发展的体制机制障碍，完善现代服务业发展、投融资机制，创造良好的服务业聚集发展的业态。

10.4.1　加大产业重点向第三产业转移

从我国的产业结构比例来看，之前的很长一段时间，我国以第一产业和第二产业发展为重。随着经济的快速发展，传统的二元结构显然已经不能满足经济发展的需要，我国的产业重点已经逐渐转向第三产业，但从目前各产业的占比结构来看，我国第三产业的比重较发达国家仍有一定差距。在我国的产业优化调整过程中，必须重视人均资源相对不足、生态环境与经济发展的矛盾日益突出的现实，因此，应着力强调产业结构，大力发展以服务业和金融业等为代表的第三产业，该产业的发展对资源依赖程度较低，环境污染较小，是政府产业结构优化升级的重点。近年来，基于前面的实证分析可知，我国的生态环境污染主要来源于工业快速发展与生活污染，应加快淘汰钢铁、水泥、电解铝、平板玻璃、煤炭等行业的落后产能，坚决遏制过剩产能盲目扩张，优化工业企业的生产和销售布局，推动企业兼并重组，完善落后产能退出机制，大力发展生产性服务业、现代物流、金融、电子商务等产业。通过推进第三产业的基础布局，不仅可以实现经济发展质量的改善和资源配置的优化，还可以实现友好的生态环境与新型工业化道路。

10.4.2　推动传统优势产业向技术密集型转型升级

在经历了多年的快速增长之后，我国的经济步入了经济转型升级的新常态，产业结构得到了进一步优化。

1. 积极推动劳动密集型传统支柱产业向高附加值的技术密集型产业转型升级

我国政府应重视传统优势产业的改造升级，使传统的粗放式发展方式向集约型方向发展。粗放式发展模式主要依靠劳动、资源等方面的大量投入，集中度比较低，资源利用效率与生产组织水平不高，缺乏专业化分工协作，而集约化模式则主要通过技术水平、管理水平、生产要素质量等方面的提升来推进资源的优化配置。

2. 着力发展高新技术、战略性新兴产业，构建产业结果发展新格局

从我国产业发展的情况来看，虽然一直在努力向高端化方向发展，但我国的诸多内陆城市还是以农业和传统工业为主导，过分依赖资源的消耗来促进经济发展，由于技术创新能力不高，其依然摆脱不了资源和环境的束缚。因此，围绕传统产业转型升级、高新技术产业与战略性新兴产业发展，我国政府应高度重视高新技术产业和战略型新兴产业的发展对产业结果优化升级的重要作用，对接国家、省市重大产业布局，集中优势力量，努力在轻工、纺织、机械、化工、冶金、建材等领域突破一批具有巨大市场前景与自主知识产权的核心关键技术与工艺，大力促进成果的转移转化，发展一批创新型现代化企业，形成一批优势产业集群，努力构建以高新技术、战略性新型产业为主导，以制造业和基础产业为基础，以现代服务业为支撑的产业布局。

10.4.3　大力发展循环经济

经济增长方式指一个国家的要素投入、组合、分配、使用方式等内容，是国家经济增长的实现模式。长期以来，我国经济的快速发展都是以资源的过度消耗和牺牲生态环境为代价的模式进行，这种经济增长方式势必造成资源枯竭与严重污染的现象。因此，经济增长方式转变的首要任务应是依靠科技创新，以实现经济高质量增长为目的，那么走循环经济、集约化之路成了必然选择。循环经济遵循生态学规律，在资源投入、生产、消费及废弃物循环利用的全过程中，将传统以资源消耗、环境污染为代价的线性增长模式转变为依靠生态型资源循环的经济发展模式。循环经济强调资源的高效利用与废弃物的循环利用，以资源减量化、再利用、资源化为基本原则，从根本上改变大量生产、大量消耗、大量废弃的经济增长模式。发展循环经济作为降低环境污染的必然选择，要大力推进工业固体废弃物与生活垃圾的资源化利用，完善循环经济相关的法律、法规体系、政策支持体系。

10.5　深化对外开放程度

改革开放以来，经过多年的探索，我国的对外开放程度进一步提高，与国际间交流频繁，中国在国际上的地位也得到了全世界的认可。可见，我国正全力以赴融入全球一体化格局，实施更加主动的开放战略，通过基础设施的互联互通，构建高端开放合作平台，完善对外开放机制，增加外资引进力度与质量，努力促进产业转型升级。

10.5.1 实施更为有效的经济开放政策

对外开放战略是我国的基本国策，我国应注重对外开放对经济发展的重要性，坚定不移地实施对外开放政策。在对外开放的战略背景下，不仅要吸收更多优质的外资与技术，更要在"一带一路"倡议的支持下，坚定不移地让我国的优势产业走出国门，积极推动钢铁、建材、水泥、化工等产业的富余产能有序地向国外转移。

10.5.2 优化贸易结构

积极发挥贸易对经济发展的拉动作用，但要时刻防止污染集中地的出现，注重贸易对环境污染的影响。适当提高产品出口的环境标准，加大环境保护力度，推广清洁生产技术，这样不仅可以阻止环境的进一步恶化，也可以推动产业进一步优化升级，提高产品竞争力。通过税率机制积极鼓励初级产品和污染密集型产业产品的进口，相应地降低对污染密集型和资源消耗产品的支持，进一步降低产污系数高的行业的出口比例与环境赤字，促进贸易结构的优化升级。

10.5.3 构建外商直接投资甄别机制，提高外资进入门槛

对注重环境保护、环境治理的外资企业，应给予一定的政策优惠与倾斜，而对于环境标准不达标的企业可实行一票否决制，因为良好的环境质量是吸引外资的重要筹码。经过多年的发展，我国的外资引进基本从引资向选资方式转变，在外资引进总量上已具备一定的规模，未来应更加注重外资在质上的甄别与选取，积极引导具有环保技术优势的外资企业向清洁产业转移。

参 考 文 献

安树民, 张世秋. 2004. 试论中国环境投资的市场化运作. 中国人口资源与环境, 14(4): 111-116.

陈祖海, 雷朱家华. 2015. 中国环境污染变动的时空特征及其经济驱动因素. 地理研究, 34(11): 2165-2178.

丁焕峰, 李佩仪. 2010. 中国区域污染影响因素: 基于 EKC 曲线的面板数据分析. 中国人口·资源与环境, 20(10): 117-122.

董小林, 周晶, 杨建军. 2008. 区域环境污染治理投资结构分析. 西北大学学报: 自然科学版, 38(2): 295-300.

郭廷杰. 2003. 借鉴日本经验推动科技创新促进废物综合利用. 中国资源综合利用, (10): 8-11.

郝东恒, 高飞. 2013. 河北省环境治理投资与经济增长的关系分析. 当代经济管理, 35(12): 57-60.

胡达沙, 李杨. 2012. 环境效率评价及其影响因素的区域差异. 财经科学, (4): 116-124.

黄锦龙. 2013. 日本治理大气污染的主要做法及其启示. 全球科技经济瞭望, (9): 65-69+76.

黄永春, 石秋平. 2015. 中国区域环境效率与环境全要素的研究——基于包含 R&D 投入的 SBM 模型的分析. 中国人口·资源与环境, 25(12): 25-35.

康爱彬, 李燕凌, 张滨. 2015. 国外大气污染治理的经验与启示. 产业与科技论坛, (19): 7-8.

李国璋, 江金荣, 周彩云. 2009. 转型时期的中国环境污染影响因素分析——基于全要素能源效率视角. 山西财经大学学报, 31(12): 32-39.

李丽, 张海涛. 2008. 基于 BP 人工神经网络的小城镇生态环境质量评价模型. 应用生态学报, 19(12): 2693-2698.

李平星, 陈雯, 高金龙. 2015. 江苏省生态文明建设水平指标体系构建与评估. 生态学杂志, 34(1): 295-302.

李胜文, 李新春, 杨学儒. 2010. 中国的环境效率与环境管制——基于 1986—2007 年省级水平的估算. 财经研究, 36(2): 59-68.

李蔚军. 2008. 美、日、英三国环境治理比较研究及其对中国的启示. 上海: 复旦大学.

李晓龙, 徐鲲. 2016. 地方政府竞争、环境质量与空间效应. 软科学, 30(3): 31-35.

李政大, 袁晓玲, 杨万平. 2014. 环境质量评价研究现状、困惑和展望. 资源科学, 36(1): 175-181.

刘长松. 2014. 美国排放许可证管理制度的经验及启示. 节能与环保, (3): 54-57.

刘殿国, 郭静. 2016. 中国省域环境效率影响因素的实证研究. 中国人口·资源与环境, 26(8): 79-87.

刘飞宇, 赵爱清. 2016. 外商直接投资对环境污染的效应检验——基于我国 285 个城市面板数据的实证研究. 国际贸易问题, (5): 130-141.

刘丽波. 2016. 江西区域环境治理投资效率评价研究——基于政府统计指标数据和 DEA 分析法. 中国统计, (6): 68-70.

刘睿劫, 张智慧. 2012. 基于 WTP-DEA 方法的中国工业经济-环境效率评价. 中国人口·资源与环境, 22(2): 125-129.

刘晓红, 江可申. 2017. 我国雾霾污染影响因素的空间效应. 科技管理研究, (12): 247-252.

刘燕, 潘杨, 陈刚. 2006. 经济开放条件下的经济增长与环境质量——基于中国省级面板数据的经验分析. 上海财经大学学报, 8(6): 48-55.

毛晖, 汪莉, 杨志倩. 2013. 经济增长、污染排放与环境治理投资. 中南财经政法大学学报, (5): 73-79.

毛晖, 郭鹏宇, 杨志倩. 2014. 环境治理投资的减排效应: 区域差异与结构特征. 宏观经济研究, (5): 75-82.

梅雪芹. 2008. "老父亲泰晤士"——一条河流的污染与治理. 经济社会史评论, (1): 75-87.

潘竟虎, 张文, 李俊峰, 等. 2014. 中国大范围雾霾期间主要城市空气污染物分布特征. 生态学杂志, 33(12): 3423-3431.

屈小娥. 2012. 1990-2009 年中国省级环境污染综合评价. 中国人口·资源与环境, 22(5): 158-163.

任婉侠, 薛冰, 张琳, 等. 2013. 中国特大型城市空气污染指数的时空变化. 生态学杂志, 32(10): 2788-2796.

沈能, 王群伟. 2015. 考虑异质性技术的环境效率评价及空间效应. 管理工程学报, 29(1): 162-168.

石杰, 梅凤乔. 2006. 英国废物管理许可证制度及其对中国的启示. 环境保护科学, (3): 55-57.

宋海鸥, 毛应淮. 2011. 国外环境治理措施的阶段性演变: 工业污染治理——以美、英、日三国为例. 科技管理研究, 31(15): 45-49.

宋马林, 王舒鸿, 刘庆龄, 等. 2010. 一种改进的环境效率评价 ISBM-DEA 模型及其算例. 系统工程, 28(10): 91-96.

宋马林, 王舒鸿, 邱兴业. 2014. 一种考虑整数约束的环境效率评价 MOISBMSE 模型. 管理科学学报, 17(11): 69-78.

宋文献, 罗剑朝. 2004. 我国生态环境保护和治理的财政政策选择. 生态经济, (9): 36-39.

孙克, 徐中民, 宋晓谕, 等. 2017. 人文因素对省域环境污染影响的空间异质性估计[J]. 生态学报, 37(8): 2588-2599.

陶敏. 2011. 我国环境治理投资效率评价研究. 技术经济与管理研究, (9): 89-92.

涂正革. 2008. 环境、资源与工业增长的协调性. 经济研究, (2): 93-105.

王宝顺, 刘京焕. 2011. 中国地方城市环境治理财政支出效率评估研究. 城市发展研究, 18(4): 71-76.

王兵, 吴延瑞, 颜鹏飞. 2010. 中国区域环境效率与环境全要素生产率增长. 经济研究, (5): 95-109.

王芳, 周兴. 2013. 影响我国环境污染的人口因素研究——基于省级面板数据的实证分析. 南方人口, 28(6): 8-18.

王飞成, 郭其友. 2014. 经济增长对环境污染的影响及区域性差异——基于省级动态面板数据模型的研究. 山西财经大学学报, 36(4): 14-26.

王惠, 王树乔, 苗壮, 等. 2016. 研发投入对绿色创新效率的异质门槛效应——基于中国高技术产业的经验研究. 科研管理, 37(2): 63-71.

王俊能, 许振成. 2010. 基于 DEA 理论的中国区域环境效率分析. 中国环境科学, 30(4): 565-570.

王连芬, 戴裕杰. 2017. 中国各省环境效率及环境效率幻觉分析. 中国人口·资源与环境, 27(2): 69-74.

王晴. 2015. 江苏环境治理效率评估及影响因素研究. 南京: 东南大学.

王永瑜, 王丽君. 2011. 甘肃省生态环境质量评价及动态特征分析. 干旱区资源与环境, 25(5): 41-46.

魏伟, 石培基, 周俊菊, 等. 2015. 基于 GIS 和组合赋权法的石羊河流域生态环境质量评价. 干旱区资源与环境, 29(1): 175-180.

吴湘玲, 叶汉雄. 2013. 国外湖泊水污染跨域治理的经验与启示. 中共贵州省委党校学报, (5): 77-81.

向用彬, 梁川, 林源. 2014. 改进的灰色聚类方法及其在水环境质量评价中的应用. 四川大学学报(工程科学版), (S2): 7-12.

许和连, 邓玉萍. 2012. 外商直接投资导致了中国的环境污染吗?——基于中国省级面板数据的空间计量研究. 管理世界, (2): 30-43.

闫文娟. 2012. 财政分权、政府竞争与环境治理投资. 财贸研究, 23(5): 91-97.

杨吉，苏维词. 2016. 基于系统聚类分析的天河潭区域环境污染程度评价[J]. 环境工程, 34(8): 154-157.

杨俊，邵汉华，胡军. 2010. 中国环境效率评价及影响因素实证研究. 中国人口·资源与环境, 20(2): 49-55.

杨俊，陆宇嘉. 2012. 基于三阶段 DEA 的中国环境治理投入效率. 系统工程学报, 27(5): 699-711

杨万平. 2010. 中国省级环境污染的动态综合评价及影响因素. 经济管理, (8): 159-165.

尹传斌，朱方明，邓玲. 2017. 西部大开发十五年环境效率评价及其影响因素分析. 中国人口·资源与环境, 27(3): 82-89.

袁晓玲，李政大，刘伯龙. 2013. 中国区域环境质量动态综合评价——基于污染排放视角. 长江流域资源与环境, 22(1): 118-128.

曾贤刚. 2011. 中国区域环境效率及其影响因素. 经济理论与经济管理, (10): 103-110.

张彬，杨联安，向莹，等. 2016. 基于 RS 和 GIS 的生态环境质量综合评价与时空变化分析——以湖北省秭归县为例. 山东农业大学学报(自然科学版), (1): 64-71.

张亚斌，马晨，金培振. 2014. 我国环境治理投资绩效评价及其影响因素——基于面板数据的 SBM-TOBIT 两阶段模型. 经济管理, (4): 171-180.

张跃胜. 2016. 环境治理投资与经济增长: 理论与经验研究. 华东经济管理, 30(9): 150-156.

Afonso A, Schuknecht L, Tanzi V. 2006. Public sector efficiency: evidence for new EU member states and emerging markets. Applied Economics, 42(17): 2147-2164.

Anselin L. 1988. Spatial econometrics: methods and models. Economic Geography, 65 (2): 160-162.

Chang Y T. 2013. Environmental efficiency of ports: a data envelopment analysis approach. Maritime Policy & Management, 40(5): 467-478.

Fare R，Grosskopf S，Lovell C A K. 1989. Multilateral productivity comparisons when some outputs are undesirable: a nonparametric approach. Review of Economics and Statistics, 71(1): 90-98.

Friberg M D, Kahn R A, Holmes H A, et al. 2017. Daily ambient air pollution metrics for five cities: evaluation of data-fusion-based estimates and uncertainties. Atmospheric Environment. 158(6): 36-50.

Garg N, Sinha A K, Dahiya M, et al. 2017. Evaluation and analysis of environmental noise pollution in seven major city of India. Archives of Acoustics, 42(2): 175-188.

Hosseini H M, Rahbar F. 2011. Spatial environmental Kuznets curve for asian countries: study of CO_2 and PM10. Journal of Environmental Studies, 37(58): 1-14.

Jondrow J, Lovell C A K, Materov I S, et al. 1982. On the estimation of technical inefficiency in the Stochastic Frontier Production Function Mode. Journal of Econometrics, 19(2): 233-238.

Khanna M, Kumar S. 2011. Corporate environmental management and environmental efficiency. Environmental & Resource Economics, 50(2): 227-242.

Kumar A, Patil R S, Dikshit A K, et al. 2016. Evaluation of control strategies for industrial air pollution sources using American Meteorological Society/Environmental Protection Agency Regulatory Model with simulated meteorology by Weather Research and Forecasting Model. Journal of Cleaner Production, 116(3): 110-117.

Lin E, Chen P Y, Chen C C. 2013. Measuring the environmental efficiency of countries: a directional distance function metafrontier approach . Journal of Environmental Management, 119: 134-142.

Liu Y, Yang Y, Xu C. 2015. Risk evaluation of water pollution in the Middle Catchments of Weihe River. Journal of

Residuals Science & Technology, (12): S133-S136.

Lozano S，Gutiérrez E. 2008. Non-parametric frontier approach to modelling the relationships among population, GDP, energy consumption and CO_2 emissions . Ecological Economics, 66(4): 687-699.

Maddison D. 2006. Environmental Kuznets curves: a spatial econometric approach. Journal of Environmental Economics and Management, 51(2): 218-230.

Mandal S K, Madheswaran S. 2010. Environmental efficiency of the Indian cement industry: an interstate analysis. Energy Policy, 38(2): 1108-1118.

Mörtberg U M, Balfors B, Knol W C. 2007. Landscape ecological assessment: a tool for integrating biodiversity issues in strategic environmental assessment and planning. Journal of Environmental Management, 82(4): 457-470.

Popa D, Corches M T, Buzgar A G. 2015. Evaluation of environmental noise pollution caused by road traffic in the city of Alba Iuli a, Romania. Journal of Environmental Protection & Ecology. 16(3): 824-831.

Reinhard S, Lovell C A K, Thijssen G J. 2000. Environmental efficiency with multiple environmentally detrimental variables: estimated with SFA and DEA. European Journal of Operational Research, 121(2)：287- 303.

Robert D K, Vachon S. 2003. Sustainable agricultural production: an investigation in Brazilian semi-arid livestock farms. Production & Operations Management, 12(3): 336-352.

Scheel H. 2001. Undesirable outputs in efficiency evaluation. European Journal of Operational Research，132(2): 400-410.

Seiford L M, Zhu J. 2002. Modeling undesirable factors in efficiency evaluation. European Journal of Operational Research, 142(1): 16-20.

Tao F, Li L, Xia X H. 2012. Industry efficiency and total factor productivity growth under resources and environmental constraint in china. The Scientific World Journal, (2): 134-141.

Tone K. 2001. A slacks-based measure of efficiency in data envelopment analysis. European Journal of Operational Research, 130(3): 498-509.

Watanabe M, Tanaka K. 2007. Efficiency analysis of Chinese industry: a directional distance function approach. Energy Policy, 35(12): 6323-6331.

Wierzbicka M, Bemowska-Kalabun O, Gworek B. 2015. Multidimensional evaluation of soil pollution from railway tracks. Ecotoxicology, 24(4): 805-822.

Zaim O, Taskin F. 2000. A Kuznets curve in environmental efficiency: an application on OECD countries[J]. Environmental & Resource Economics, 17(1): 21-36.

Zhang N, Choi Y. 2013. Environmental energy efficiency of China's regional economies: a non-oriented slacks-based measure analysis . Social Science Journal, 50(2): 225-234.